自然灾害

ENCYCLOPEDIA OF NATURAL DISARSTERS

[英] 北巡游出版公司（North Parade Publishing Ltd.）/ 编著　邹蜜 / 译

重庆出版集团 🅖 重庆出版社

探索飓风、火山、地震、恶劣天气的入门指南

图书在版编目 (CIP) 数据

自然灾害 /（英）北巡游出版公司编著；邹蜜译 . — 重庆：重庆出版社，2021.9

书名原文：Encyclopedia of Natural Disasters

ISBN 978-7-229-15837-8

Ⅰ . ①自… Ⅱ . ①北… ②邹… Ⅲ . ①自然灾害—青少年读物 Ⅳ . ① X43-49

中国版本图书馆 CIP 数据核字 (2021) 第 089060 号

自然灾害
ZIRAN ZAIHAI

[英] 北巡游出版公司 编著　邹蜜 译

责任编辑：连果　刘红

责任校对：杨婧

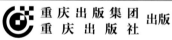 重庆出版集团 出版
重庆出版社

重庆市南岸区南滨路 162 号 1 幢 邮政编码：400061 http://www.cqph.com

重庆出版集团艺术设计有限公司 制版

重庆长虹印务有限公司 印刷

重庆出版集团图书发行有限公司 发行

全国新华书店经销

开本：889mm×1194mm　1/16　印张：7.75　字数：126 千

2021 年 9 月第 1 版　2021 年 9 月第 1 次印刷

ISBN 978-7-229-15837-8

定价：49.80 元

如有印装质量问题，请向本集团图书发行有限公司调换：023-61520678

目录

火山和地震

恶劣天气

大自然的愤怒

地震、火山喷发、暴风雨、飓风、暴风雪、火灾和洪水都是自然灾害。在全世界肆虐的这些自然灾害中，火灾和洪水可能是最常见的。

当地震发生时

地震是引起火灾的主要原因之一。地震时，地面会摇晃。剧烈的晃动可能导致物体倾倒，甚至连大型建筑物也会坍塌。这种情况下，断裂的电线或翻倒的厨房电器，都可能引起火灾。

▶ 地震时，电线或煤气管道破裂常常引起火灾。

来自地下的火灾

火山也可能引起火灾。当火山爆发时，炽热的岩浆和灰烬泥土一起被喷出。岩浆是在地表里面被高温熔化的岩石。当岩浆流过城镇时，高温可以让周围的树和房屋着火。

▼ 从火山流出的熔岩可以让周围的树木和植被着火。

上升的水位

洪水主要由大量降雨、暴风雨，以及过量的冰雪融化引起。地震也可能引起沿海地区的洪水。泥石流可能伴随洪水发生，因为洪水会使得斜坡上的泥土、岩石和其他物质变得松散，随着洪水下滑形成泥石流。

▼ 特大洪水可以冲走树木、房屋、车辆和人员。

趣味百科

1999年12月15日，委内瑞拉经历了历史上最严重的自然灾害。在长达一周的席卷全国的洪水中，约有10 000人丧生，其中大多数人死于山体滑坡。

百科档案

历史上较严重的自然灾害

● 洪水：1827年，美国密西西比河大洪水，重灾面积达6.7万平方公里，约600 000万人无家可归。

● 地震：2004年，印尼发生9.0级大地震，约300 000万人失踪或死亡。

● 飓风：1970年，波拉飓风袭击孟加拉国，导致500 000—1 000 000人丧生。

● 泥石流：1970年，秘鲁的瓦斯卡兰山，约23 000人死亡。

● 火山：1815年，印度尼西亚坦博拉火山，约90 000人丧生。

● 森林大火：2003年，西伯利亚针叶林火灾，受灾面积达19平方公里。

全球变暖

全球变暖，是地球温度非自然上升的现象。原因是日益严重的温室气体，增强了地球大气的吸热能力。我们知道，地球会将其接收到的部分太阳热量反射回去。然而，大气中的某些特定气体，比如水蒸气和二氧化碳，会阻止热量散发到太空。这些温室气体，让我们的地球保持温暖。

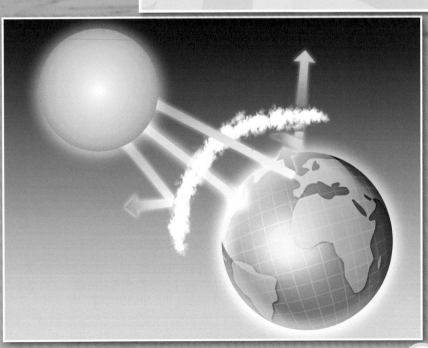

▶ 人类活动，如森林砍伐和燃料燃烧，使温室气体日益增多，导致地球过热，进而引起热浪、冰川融化和海平面上升等结果，并最终导致火灾和洪水灾害。

火灾

　　火是人类历史上最重要的发现之一。火帮助人类烤熟食物，以及在漫长的冬季保持温暖。但是，如果不小心对待，火也可能造成严重破坏。不受控制的火跟其他自然灾害一样危险，可能会造成生命和财产的大量破坏和损失。

火燃烧的要素

　　火的燃烧需要三个重要元素：燃料、氧气和热量。森林中，树木和其他植物都可以充当燃料的角色。在建筑物中，燃料可以是书本、纸张或家具。氧气是火燃烧的必要条件。此外，如果没有持续热量的维持，火也会熄灭。火燃烧时发出火焰，会产生热量，反过来又加热余下的燃料，于是火越烧越大。

气体和火焰

　　火可以分为四部分：气体、火焰、热量和烟。火燃烧时，可能会产生一些有毒气体，比如一氧化碳，它们也是可燃气体。火焰是气体燃烧时发出的可见光。如果你靠火焰太近，它也会灼伤你。一场普通的火灾也能散发出巨大的热量。

热量

◀ 燃烧三要素

氧气　　　　　　燃料

▲ 早期人类使用钻木取火。

烟雾

烟雾是一种有害的蒸气云,其中混合了燃料燃烧产生的粉末颗粒。火灾发生时,大部分人真正死于吸入烟雾和有毒气体,而不是被烧死。

◀ 物质被点燃的温度被称为燃点。纸的燃点是233℃。

燃烧的火焰

火灾可能因为人类的疏忽,或者闪电、干旱、地震或火山爆发之类的自然力引起。将城市和村庄烧毁的大火被叫做大火灾。风暴性大火是几处独立的火同时燃烧形成的火灾。

▼ 失控的大火温度可以达到1 500℃的高温。

森林大火

　　野火也被称为森林大火，多发生在森林、树林和草原等自然环境中。它们通常发生在长时间炎热干燥的天气之后。这些地方通常具备温暖潮湿的气候，使得树木和植被得以生长。森林大火可以在几分钟内横扫成千上万亩土地，摧毁它们途经路上的所有物体。

野火的蔓延

　　野火的蔓延取决于燃烧区域内燃料的种类和数量。燃料可能是一块木头、木材甚至是房屋。在一定区域内能够燃烧的物质数量叫做燃料负荷。燃料负荷越大，火势蔓延越迅速。

野火的起因

　　太阳的热量或闪电有时候会引起森林火灾。不过，大多数的森林火灾都是人类的粗心大意引起。例如，野营篝火没有被正确熄灭，随处乱扔烟头或火柴棍都可能导致森林大火。

▶ 除非以正确的方式被扑灭，否则野营的篝火余烬可能会在几天后引起火灾。

火灾也有好坏？

　　野火可以分为有害的和有益的火灾，或被称为计划火灾。计划火灾用于减少森林中堆积的干柴，以预防潜在的野火。经验丰富的消防员能够确保火势不会蔓延到人类聚居区。相对地，有害的火灾是指失控的野火。

◀ 被丢弃的烟头可能会导致森林大火。

森林健康管理

　　适当的野火对于保持森林健康是有必要的。野火在森林中燃烧，可以消耗掉枯树叶和树枝。野火还能消灭有害的植物、野草和害虫，促进自然植被的生长。

▼ 强风、阵风常常会助力大火到无法控制，肆虐成灾。

历史上的森林大火

森林大火的破坏性非常强。一些历史上最严重的森林大火烧毁了附近的城镇和村庄，造成成千上万的人死亡。

佩什蒂戈大火

佩什蒂戈大火被认为是美国历史上最严重的一次森林大火，和1871年的芝加哥大火发生在同一天。1871年的夏天异常干燥，佩什蒂戈附近的森林中发生了几处较小的林火。10月8日，强风使火势升级，导致大火蔓延到约12个城镇。

欧洲热浪

2003年，欧洲经历了历史上最严重的一次森林大火，火焰横扫了整个欧洲大陆，从葡萄牙到瑞典，直至俄罗斯东部。法国和葡萄牙受影响最严重。法国南部13万多亩的森林被烧毁，葡萄牙有超过300万亩的森林在大火中被烧毁。

▼ 2003年的森林大火之后，加利福尼亚南部圣贝纳迪诺县成为一片废墟。

▼ 大火烧得越久，消耗的可燃物也就越多，因此必须及时控制住火势。

加州地狱

2003年10月，横扫加州南部的大火是加州历史上最严重的一次火灾。在圣迭戈、文图拉、河滨以及圣贝纳迪诺各郡等地，共有15起大火燃烧了两个星期，造成24人死亡，500多万亩的土地被毁。圣迭戈的雪松大火造成14人死亡，是加州有记录以来最大的一次火灾。

▲ 像雪松这样的树木在被火烧毁后可以重新生长，除非连种子也被摧毁。

抗击森林大火

扑灭森林大火，不但需要专业技术，而且需要特别的装备。消防员头戴面罩以免吸入烟尘。除了通常的危险以外，消防员还必须应对风向和风速的变化带来的火势变化。

灭火战线

消防管理员首先要评估火情，并制定火势控制策略。灭火精英负责建立火障或者防火线，以阻止火势蔓延。他们沿着火势周围的一条狭长地带，清除掉所有易燃物质。随后由灭火精英和机动部队负责扑灭明火。直升机营救人员在使用直升机控制火势的时候发挥作用。烟雾跳伞员在其他人无法靠近的时候，从飞机上降落到目的地进行灭火。

灭火设备

洒水车是地面消防队的主要装备。消防员们使用各式各样的装备——从铁铲到耙子，以及一种叫做锹背单刃手斧的特别工具。这种工具是斧头和鹤嘴锄的结合，可以用来挖土或者砍树。消防员穿着特殊的消防服装，保护他们不被烧伤。

▲ 消防员戴面罩防止吸入烟雾。

▼ 这种叫普瓦斯基的锹背单刃手斧，是根据它的发明人艾德·普瓦斯基命名的，他是美国林务局的一名护林员。

▼ 一辆消防洒水车长约9米，可装载4.5吨的水。

空中灭火

消防车在控制森林大火方面明显有其不足，因为它们不能穿过茂密的森林。在这种情况下，空中消防员为地面人员提供支持。空中消防员使用便携式水泵扑灭小火，或者使用直升飞机和固定翼飞机进行灭火。直升飞机可以装载水箱或运载桶。这些水箱或水桶通常在当地湖泊或水库中取水。

▼ 正在喷水灭火的直升飞机。

阻燃剂

除了水之外，消防员还使用能够减缓燃烧速度的特殊化学品。这些化学物质被称为阻燃剂，将其喷洒在野火上可以帮助灭火。

▲ 正在喷洒阻燃剂的固定
   翼飞机。

建筑火灾

一场大火在短时间内可以摧毁一栋建筑。若不加以控制，不仅整栋建筑会被烧毁，大火还会蔓延到整个街区，甚至烧毁整个城市。

▲ 比起手持水枪，安装在云梯上的消防水枪能喷出更大量的水。

火灾隐患

引起建筑火灾最常见的原因是人为疏忽，例如，把木材、纸张和气雾罐等易燃材料放在壁炉或火炉旁，都有可能引发火灾。其他原因还有燃料泄漏、电路故障以及烹饪失误等。还有许多火灾是因为抽了一半的香烟、放在窗边的烛火或者玩火柴的孩子引起的。

摩天大楼的风险

往往发生在摩天大楼较低楼层的火灾，会造成更大的损失。这些火灾很容易蔓延到建筑物的各个楼层，并且堵塞楼梯井等逃生通道，将人们困在较高楼层。这就是为什么建造摩天大楼，要比其他建筑物需要更多的火灾预防措施。

▶ 消防队员爬上云梯灭火。

第100楼上的火灾

想象一下，你在一场火灾中，被困在一栋高层建筑的最顶层，想要毫发无损地逃脱，无疑是一个巨大的挑战。历史上，最严重的高层建筑火灾包括洛杉矶第一州际银行火灾（1988年）、费城子午线广场火灾（1991年）和纽约世贸中心火灾（2001年9·11恐怖袭击之后）。

爆炸发生

随着密闭空间内的温度升高，内部的可燃物会突然发生爆炸并起火，这一现象称为轰燃。直到空间内的氧气消耗殆尽，火势才会逐渐熄灭。但如果此时有新的氧气涌入，会导致可燃气体发生爆炸，即回燃现象。

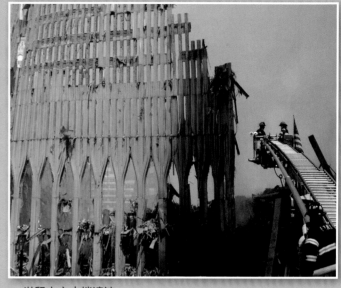
▲ 世贸中心大楼遗迹。

▶ 发生高层建筑火灾时，云梯消防车可以升上高处。

趣味百科

2001年9月11日，恐怖袭击发生后不到一小时，纽约世贸中心的两座塔楼和附近的一座建筑发生倒塌。这是世界上第一次火灾导致摩天大楼倒塌。此前虽然高层建筑也曾发生过火灾，但从未发生过火灾导致钢结构高层建筑倒塌的案例。

百科档案

其他建筑火灾

- 1903年12月30日：易洛魁斯剧院，位于美国芝加哥，602人遇难。

- 1881年12月8日：维也纳环形剧院，位于奥地利，至少600人遇难。

- 1942年11月28日：波士顿椰子林夜总会，位于美国马萨诸塞州，491人遇难。

- 1930年4月21日：哥伦布市州立监狱，位于美国俄亥俄州，约320名囚犯遇难。

- 1876年12月5日：布鲁克林剧院，位于美国纽约，超过300人遇难。

安全措施

火灾是最常见的威胁人类生命安全的灾害之一。每年有成百上千人死于建筑物火灾事故。大多数国家都制定了住房以及商业中心的建造标准。

▲ 一个烟雾报警器。

火警报警器

每栋建筑必须有基本的火灾报警系统。烟雾探测器是最常用的报警系统。一旦探测到烟雾就会发出尖锐的报警声，从而向人们发出火灾警报。烟雾探测器必须每月进行测试，电池每年都要更换，烟雾探测器每10年至少更换一次。

▶ 消防栓应设置在每个居民区便于取拿的地方。

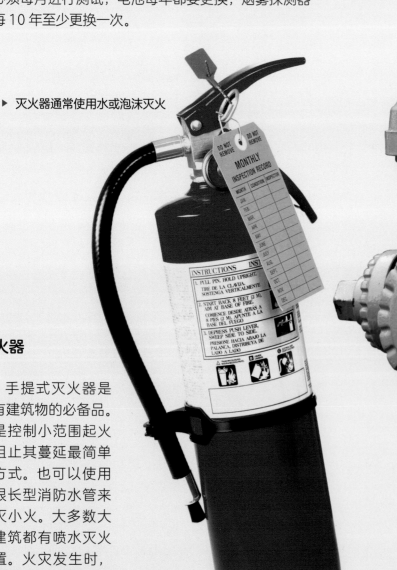

▶ 灭火器通常使用水或泡沫灭火

灭火器

手提式灭火器是所有建筑物的必备品。这是控制小范围起火并阻止其蔓延最简单的方式。也可以使用一根长型消防水管来扑灭小火。大多数大型建筑都有喷水灭火装置。火灾发生时，这些装置可以自动运转，防止火势蔓延。

修建安全的建筑

现代建筑，尤其是摩天大楼，是用坚固的耐火材料建成的。这些建筑内部配备了极为灵敏的洒水装置和封闭的楼梯井，这些装备都是为了把火灾控制在室内。建筑物的每一层都应有清晰可见的楼层平面图和疏散程序，以便于建筑物内人员有序疏散，避免在紧急情况下的恐慌或忙乱。

做好准备

制定疏散计划是非常重要的。大多数建筑部门都会进行消防演练，确保每个人都了解火灾发生时应该做什么。比较理想的做法是，制定两条安全快速的逃生路线。这样一来，即使其中的一条被火势阻挡，人们也可以通过另一条路线来安全逃脱。

▶ 现代高层建筑，如上海世界金融中心，都采用了独特的防火装置。

趣味百科

上海世界金融中心设有"避难楼层"。这是每隔10或15层就建造的一层防火空间，用于在疏散过程中保护人员。

百科档案

2003年至2004年英国火灾死伤人数统计

- 遇难总人数：612。

- 受伤人数：15 600。

- 住宅火灾次数：427。

- 住宅火灾受伤人数：12 600。

- 住宅意外火灾死亡人数：365。

- 住宅意外火灾受伤人数：10 400。

▼ 从太平梯疏散时，要注意底下火势是否在蔓延。不过，这些逃生的梯子今日已不常见。

15

注意事项

　　发生紧急情况时，需要遵守一些指导规则。认真学习这些规则不仅可以保证自身的安全，还可以帮助救援他人。

- 不要忽视任何一次火警。安全总比后悔好。

- 保持冷静，迅速撤离大楼。

- 如果身处高层建筑中，请有序撤离。恐慌可能会导致踩踏发生，造成更多伤亡。

- 发生火灾时，请走楼梯，搭乘电梯可能会被困。

- 逃跑时，要靠近地面前进。永远记住，烟雾朝上走，所以靠近地面能获得更干净的空气。

- 在打开门之前，一定要测试一下门的温度。用手背触摸门把手。如果把手太烫，不要开门，立刻寻找另一条逃生路线。

- 当你离开一个房间的时候，千万别忘了关上门。这有助于延缓火势的蔓延。

- 如果你的衣物着火，可以在地上打滚把火扑灭。

- 一旦你离开大楼，立即打电话给消防部门，以防没人报警。

如果你被困在房间里无法逃脱时，你可以做以下几件事：

● 首先用湿毛巾封住门下的缝隙，这样可以把烟挡在外面。
● 如果房间里有电话，立刻拨打急救电话或打给消防部门，告知他们你的位置。
● 一定站在窗户附近，发出求救信号。
● 不要贸然打开窗户，除非你能确定窗户下面没有火。

▼ 对孩子们进行定期的消防演习尤为重要，让他们熟悉紧急情况下的逃生路线。

趣味百科

英格兰和威尔士家庭火灾的起因

● 烹饪事故：54%
● 取暖装置：9%
● 电器或电线：8%
● 人为纵火：5%
● 烛火：5%
● 火柴和香烟：5%
● 小孩子玩火：4%
● 其他原因：10%

呼叫消防部门

消防队是由勇于献身的消防员们组成，他们冒着危险拯救成千上万人的生命。消防不仅是灭火，还包括评估火的性质、燃料类型以及搜寻和营救被困人员。

营救

当消防员到达火灾现场后，他们会迅速对火情进行评估，然后疏散建筑物或火灾区域内的人员。有时候，他们还要找到被困的人或动物。消防员们通常分工合作。他们会穿防火服，面戴呼吸面罩，以免吸入烟尘和其他有毒气体。

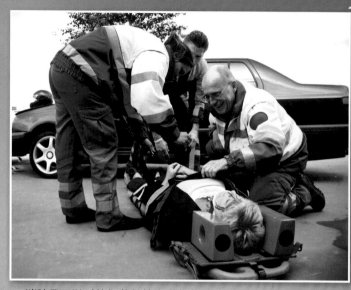

▲ 消防员可以对他们营救的人进行急救。

用水灭火

水是最常见的灭火的物质。用一种湿润剂能够帮助水渗入到床垫之类的物品中。但是像油和汽油之类的可燃液体比水轻，用水灭火会让火势迅速蔓延。在这样的情况下，要使用泡沫灭火。

▽ 消防员洒水灭火。

18

救生工具

消防车包括水罐消防车、泵浦消防车和云梯消防车。水罐消防车能够装载的水比泵浦消防车多。云梯消防车的长梯子能够帮助消防员到达高层建筑的上层。绳子、斧头、水管之类的工具是最常使用的。消防员还会携带逃生工具，比如分离器和切割机用于解救被困人员。

▲ 消防车上装备了各式各样的工具，比如水管、梯子、杆钩和水箱。

时刻待命

消防员在其他自然灾害，例如洪水和地震发生时，也同样扮演着重要角色。他们在道路和铁路事故以及飞机失事等事故中也会提供帮助。

趣味百科

大多数的消防员进入建筑物时都会佩戴个人安全报警系统（PASS）。这是一种单向通信设备，在佩戴人员遇到危险需要救援的时候，它能够给在外待命的快速进入小组发出警报。

百科档案

2003年至2004年英国火灾数据

- 火灾上报总数：1 061 400起
- 实际救援火灾数量：592 300起
- 误报：469 100起
- 室外火灾：375 200起
- 财产火灾：206 600起
- 建筑物火灾：104 500起
- 车辆火灾：88 300起
- 住宅火灾：63 200起
- 商业和学校火灾：41 300起

▼ 消防队员在机动车事故现场。

城市大火

有时候发生在一栋房子或谷仓的小火，可能蔓延并毁掉整座城市。历史上记载了许多这样的火灾。

伦敦大火

1666 年的大火，几乎摧毁了伦敦所有的公共建筑。火灾发生在国王查理二世的面包师托马斯·法里纳的家里。据说法里纳睡觉前，忘了把他的烤炉熄灭。后来，炉子里的余烬点燃了附近的一些木头。在强风的帮助下，大火蔓延到整个街区。

芝加哥大火

关于 1871 年肆虐芝加哥的大火，有一个比较流行的说法是，大火是从凯特·奥利尔瑞的谷仓开始的，当时是她的奶牛踢倒了马灯。不过，现在人们认为火灾是由丹尼尔·苏利文引起的，也是他第一个报告火灾。苏利文试图从奥利尔瑞谷仓里偷牛奶时，不小心踢倒了马灯。

▶ 现在伦敦的圣保罗大教堂，是建筑师克里斯托弗·雷恩在1666年教堂被烧毁后，根据教堂原样设计的。

▲ 1871年的芝加哥大火是从一个谷仓开始的。

旧金山火灾

1906 年 4 月 18 日上午，旧金山发生了毁灭性地震。随后，50 多个地方相继发生火灾。地震导致了主要天然气管道的泄漏，引起爆炸。最终通过炸毁建筑物来制造防火带，才控制住了火势。

▲ 1906年地震后旧金山大火的景象。

大火中的东京

1923 年 9 月 1 日，日本本州岛发生里氏 7.9 级地震。地震摧毁了港口城市横滨和周边的千叶、神奈川、静冈以及东京地区。然而，在 10.5 万遇难者中，大部分死于地震后发生的 88 起火灾。

▼ 东京被关东大地震和随之而来的大火彻底摧毁。

火灾时间线

虽然火可以作为一个有用的工具，但面对熊熊大火，我们常常感到束手无策。历史上不乏有被大火摧毁建筑物和城市的事件。

大火的历史

历史上一些最大的建筑火灾发生在古代。其中大多数都是人类引起的。现在的土耳其以弗所古城的阿耳忒弥斯神庙，就是其中之一。这座神庙是世界七大奇迹之一，是为了纪念阿耳忒弥斯——希腊狩猎女神。公元前356年7月21日，一名叫做希罗斯特拉图斯的希腊青年放火烧毁了神庙，传说他是为了出名才犯下这个罪行。

罗马大火

公元64年7月18日，一场大火吞噬了罗马城。大火最早从几间连在一起的店铺开始，然后迅速蔓延到街道，大半座城市在这场大火中被摧毁了。当时罗马城的统治者尼禄大帝在火灾时并不在城内。于是后来流行了一个传言，即当时尼禄大帝拉着小提琴观看罗马的大火。

▲ 1991年，波斯湾战争爆发后，战败的伊拉克武装部队在撤退前放火烧了科威特的几口油井。大火连续烧了几个月。

哈里法克斯大爆炸

1917年12月6日，一艘法国籍货船勃朗峰号与挪威籍运船伊莫号，在加拿大新斯科舍省哈里法克斯附近的港口相撞。当时正是第一次世界大战时期，勃朗峰号上装载着运往欧洲的大量军火。勃朗峰号甲板起火，几分钟后发生了大规模爆炸，致使1 660人丧生。几乎一半城市被夷为平地。

◀ 尼禄大帝"拉着小提琴"观看罗马被烧毁，这个谣言是罗马历史学家普布里乌斯·克奈里乌斯·塔西佗编造的。

原子弹

1945年8月6日，第一枚原子弹投在了毫无戒备的日本广岛，爆炸那一刻以及后面很短暂的时间内，7万人丧生。紧接着一场大火席卷了整座城市，致使更多人丧生。三天以后，第二枚原子弹投在了日本长崎。据报道，大约有4万人当场死亡。随后发生了几处火灾，烧毁了许多房屋和商业建筑。

◄ 1945年投放在广岛和长崎的原子弹爆炸，形成蘑菇云。

趣味百科

埃及的亚历山大图书馆毁于大火中。272年，罗马大帝奥里利安烧毁了图书馆主要部分。640年，阿拉伯人占领亚历山大后，图书馆被彻底摧毁。

百科档案

消防大事记

- 公元6年：奥古斯都皇帝组建了罗马消防队。

- 1648年：美国纽约任命了消防官员。

- 1672年：荷兰发明家简·范德海登发明了消防水龙带。

- 1725年：伦敦的珍珠钮扣制造商理查德·纽瑟姆发明了消防车。

- 1810年：拿破仑·波拿巴（法国皇帝）创建了第一支专业消防队伍。

- 1824年：爱丁堡消防车公司在苏格兰的爱丁堡成立，被誉为英国第一家有组织的消防公司。

河流洪水

跟火一样，水也有夺走生命、摧毁财产的力量。当水位上升的速度超过地表吸收的速度，洪水就发生了。洪水可以卷走房屋、树木、车辆，甚至是溺水的人。

原因

洪水可能是由暴雨、融雪、溃坝、飓风和水下火山爆发引起的。一般来说，洪水有两种：经常性的河流或沿海洪水和突发性山洪。

河水泛滥

当河水漫出河床就会引起河水泛滥。发生这种情况有很多种原因。无论是季节性还是暴风雨导致的强降雨，河流和溪流承载了超过它们所能容纳的水量，河水会漫过河堤。持续的降雨最终会导致水位上升，引起洪水泛滥。

▲ 暴雨是造成洪水的主要原因之一。

◀ 河水泛滥会引起洪水。

尼罗河的馈赠

不是所有的河流洪水都是破坏性的。几千年来，埃及人从尼罗河的洪水中受益。每年夏天，高山上的冰雪融化，尼罗河水就会漫过河堤，留下适合农业耕种的黑土。

▲ 淹没在汹涌河水中的车辆。

▼ 尼罗河沉积的泥土非常肥沃。因此尼罗河每年的洪水被称为"尼罗河的馈赠"！

大海的愤怒

　　有时风暴会导致大量的海水涌向沿海地区，这被称为风暴潮。低洼的沿海地区最容易受到风暴潮的影响。

▼ 飓风的强劲旋风会在海水中引起巨浪，导致沿海地区洪水泛滥。

飓风来临时

　　影响海平面的常见因素之一是飓风。暴风雨使海面比平常更为猛烈。强风会产生巨大的海浪，冲击海滩，摧毁房屋，有时会造成人员死亡。涨潮和风向加剧了风暴潮。

飓风威胁

　　历史上最严重的一次风暴潮发生在孟加拉国。1970年，大约50万人在一场飓风和随之而来的风暴潮中丧生。之后在1991年，一场毁灭性飓风和随后的巨大风暴潮中，超过13.9万人丧生，大约一半的国家被洪水淹没。

▼ 孟加拉国的人们冒着洪水的危险聚集在救灾营外等待食物分发。

夺命海浪

　　水下火山和地震能够引起远距离高速移动的巨浪。这些被称为海啸的巨浪可达 15 米高。它们袭击海岸时，会造成严重破坏。这些致命的海浪能夺走生命、卷走车辆，甚至摧毁建筑物。

▶ 海啸是可以造成大规模破坏的猛烈巨浪。

▲ 破坏性极强的亚洲海啸袭击斯里兰卡海岸的场景。

亚洲悲剧

　　2004 年 12 月 26 日，印度尼西亚苏门答腊岛附近发生了水下地震，此次地震引发的海啸肆虐了八个国家，还有另外十个国家遭受了不同程度的破坏。受灾最严重的是印度尼西亚、斯里兰卡、印度南部和泰国。连远在南非的伊丽莎白港都感受到了夺命巨浪的冲击。据报道，约 300 000 人丧生。

趣味百科

　　"海啸"一词在日语中是"海港的波浪"的意思。海啸通常被错误地称为"潮汐波"。但它不是潮汐引起的，而是海底地震活动的结果。

百科档案

历史上较严重的海啸

● 1755 年 11 月 1 日：地震之后的三次海啸袭击了葡萄牙里斯本海岸，造成约 30 000 人死亡；英国、西班牙、摩洛哥甚至远至西印度群岛都能感受到海啸的影响。

● 1883 年 8 月 27 日：位于印度尼西亚，喀拉喀托的火山爆发引发的海啸造成 36 000 多人死亡。

骤发洪水

骤发洪水是一种突发性的暴涨洪水。比起普通洪水，骤发洪水流速更快，破坏力更强。骤发洪水的成因包括热带风暴、水坝决堤、暴雨以及冰雪急剧消融等。

冰川融化

如果山体附近的冰雪急速消融，可能会引发山洪。高温通常是冰雪快速消融的原因。冰雪融化后流入溪流，当水量超过溪流的负荷量时，山洪便会暴发。

大坝决堤

大坝决堤通常难以预料，可能在瞬间发生。大坝决堤时，大量河水涌出，涌向下游，造成巨大的损失。大坝决堤的原因，包括设计不合理、施工质量差、维护不善以及如地震等自然灾害的破坏。

▲ 大坝决堤涌出的大量洪水和水流会造成巨大的损失。

▼ 1966年阿拉斯加州库克湾的堡垒火山喷发，所产生的热量引起附近的冰迅速融化，进而导致下面的漂流河谷发生洪水。

1977年，犹他州凯帕罗维茨煤炭盆地暴发山洪，此次山洪暴发的直接原因是降雨。

山洪暴发

人们通常认为山洪暴发比普通洪水更为危险，因为山洪是无法预测的。骤发洪水顺山而下，一泻千里。山洪的力量足以冲走车辆和房屋。洪水导致的死亡绝大多数为山洪暴发的受害者。

人为影响

由于各种原因，世界各地的树木被大量砍伐，导致森林覆盖减少。没有足够的树木和植物来保持土壤，洪水的破坏力越来越大。全球变暖导致温度升高，冰雪消融，增加了洪水的发生概率。

人类砍伐森林，是为了修建道路和房子以及其他公共设施。

趣味百科

湿地减少，也会增加洪水发生的概率。湿地是河流如密西西比河旁边的沼泽地。湿润的土壤通常可以保持大量的水分。然而，这些湿地如今被农田和工厂占据，增加了洪水的发生概率。

百科档案

重大洪涝灾害

● 1889年5月31日：约翰斯顿，位于美国宾夕法尼亚州，起因为南叉大坝决堤，超过2 200人伤亡。

● 1954年8月：伊朗德黑兰，一条街道被洪水淹没，2 000名聚集在一起祈祷的人遇难。

● 1976年7月31日：美国科罗拉多州洛夫兰大汤普森峡谷，约140人死亡。

防洪抗洪

　　防治洪水最常见的方法是修建跨河堤坝。现如今，人类活动对环境造成的破坏，已经成为洪水的一个主要成因。植树造林可以防止水土流失，有效防治洪水。此外，保护湿地也是另一个选择。

设置屏障

　　多年来，为了防治洪水，人们在河流上修建了许多巨大而坚固的水坝。在水坝后面修建了水库或人工湖储水，用于灌溉和发电。开凿运河以排出多余的水。

▲ 泰晤士河水闸自1982年建成以来，已经加高了70多次。

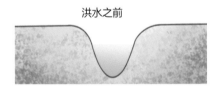

洪水之前

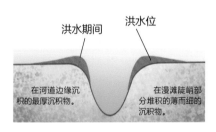

洪水期间　洪水位

在河道边缘沉积的最厚沉积物。　在漫滩陡峭部分堆积的薄而细的沉积物。

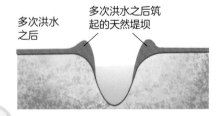

多次洪水之后　多次洪水之后筑起的天然堤坝

阻挡海潮

　　在波涛汹涌的大海面前，人类几乎无法阻止其摧毁海岸。但是海岸防护设施，例如防波堤、海堤和保滩工程可以帮助减少损失程度。防波堤建在海岸上，可以降低海浪的冲击强度。海滩的沙子由于侵蚀作用会不断流失，而保滩工程就是一个填充沙子的过程。

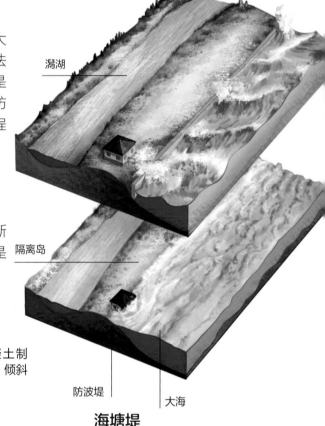

潟湖

隔离岛

防波堤　大海

▶ 防波堤通常由混凝土制成，可以是垂直的、倾斜的或弯曲的。

防洪堤

　　除了水坝之外，防洪堤和海堤也可以防止洪水泛滥。防洪堤是一个顺着河岸向下延伸的斜坡，既有天然形成的，也可以人为建造。人造防洪堤通常由河岸旁的泥土堆积而成，一般为上窄下宽。

海塘堤

　　海塘堤是一种防洪墙体，通常用石头或黏土建成。海塘堤有的是永久性建筑，有的是在洪水紧急情况下修建的。海塘堤也可以用于在海边开拓土地。也就是填海造地，即建造一系列堤坝，把海水排走，创造新的陆地。

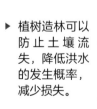

▶ 植树造林可以防止土壤流失，降低洪水的发生概率，减少损失。

洪水预报

与火灾不同，洪水更好预测。多年来，洪水的预报和预警系统非常有效地帮助拯救了无数的生命。

天眼

气象卫星从地球上空收集重要信息并拍摄卫星云图。这些图片有助于预测雷暴、飓风甚至山洪。科学家们收集到足够的数据后，通过电视、广播和网络与人们交流。

水位监测

大多数发达国家都有河流监测站和降雨测量站。在这些监测站中，科学家们持续关注所在地区的水位变化以及降雨量。

▲ 水位和河水的流量是由这样的测量站来监测的。

应急准备

一旦发出警报，务必立即关闭主要电源，准备撤离。若时间紧迫，应就近撤离到高处。洪水容易引起水源污染并传播疾病，应避免涉足洪水水域。除此之外，还应持续关注最新消息。

▲ 泰洛斯1号成功地用于从太空测量大气状况。

洪水监测

雨量计用于测量特定地区的降雨量。科学家们使用水量监测设施测量河水流速。沿海洪水的预测方式，与河水泛滥以及山洪的预测方式相似。此外，专门的海洋监测站和海啸预警中心可向沿海地区的人们发出预警。

▲ 河流中的标志线用于监测水位上涨。

▼ 留意路标，避开水渠，同时避免堵塞的道路。

洪水救援

　　抢险救灾的范围和重点，取决于洪水类型。在洪水泛滥期间，重点是救援生命。而在流动缓慢的河水中，防止财产损失更为重要。

艰难的抗击

　　救援队的队员经过严格的水上救援训练，特别是激流中的救援。在山洪暴发时，这些能力很有用。

救援工具

　　救生艇是洪水救援时最重要的工具之一，因为它们是洪水中唯一的交通工具。救生衣、绳索和保险缆在救援时都必须随手可取。救援人员头戴头盔，保护他们头部不被水中漂浮的石头和木筏撞击。有时，陆地救援人员会得到直升机和军队人员的帮助。

▼ 当地警察在洪水泛滥的地区巡逻。他们通常是第一时间到达灾难现场的人员。

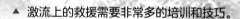

▲ 激流上的救援需要非常多的培训和技巧。

洪水后的生活

　　湍急的流水会带来大量的沉积泥土，掩埋掉一切物体。房屋被卷走，铁路、大桥和高速公路被冲毁破坏。电话线路被冲断，使通信成为问题。想象一下，在如此巨大的损失之后的重建工作。在洪水易发地区生活的人们，每次遭遇洪水之后都要面对它们。

▲ 在紧急情况下，直升机用来空运被洪水困住的人们。

灾后

　　洪灾最糟糕的影响，往往是在洪水退去以后才逐渐显现。因为洪水还可以传播疾病。很多人是死于洪水之后的传染性疾病，因此，医疗救援非常重要。洪水还会摧毁农作物，导致饥荒和贫穷。1887年，100多万中国人死于饥荒，就是因为洪水摧毁了他们的庄稼。

▶ 洪水受灾地区的救灾措施包括食物和药品的供应。

神话传说

古代人把火灾和洪水看作是神或是大地母亲愤怒的表现。在许多国家，人们用动物或人祭祀，来平息神的怒火。

火的发现

根据希腊神话，创造了人类的普罗米修斯想给人类一个礼物，火的温暖。他向宙斯寻求帮助，然而宙斯拒绝了他，但普罗米修斯不死心。于是，他从众神之神阿波罗那里偷走了火种，给了人类。

火神

在许多国家，人们都敬畏火神，常常把火灾归咎于火神的愤怒。对此，夏威夷的传说最为明显。根据当地传说，火神贝利住在莫纳克亚山。她是夏威夷人的保护神，但夏威夷人都害怕她的火爆脾气。在希腊传说中，赫菲斯托斯被尊为火神，罗马神话中的火神是伏尔甘。

关于洪水的传说

跟火一样，洪水也有各种各样的传说。根据中国的一个传说，大禹通过改变河道的方向治水。为此，他花了13年的时间改变河道。

▶ 宙斯惩罚偷了火种的普罗米修斯，把他锁在高加索山脉的岩石上。

"大洪水"

世界上许多文化中都有"大洪水"毁灭人类的故事记载。《圣经》中提到的洪水是上帝用来清洗地球上的邪恶的。只有忠厚老实的诺亚和他的家人，在大洪水中幸存下来。在希腊、罗马、印度、中国和北欧神话中都能找到类似的故事。

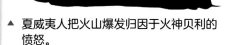
▲ 夏威夷人把火山爆发归因于火神贝利的愤怒。

◀ 古代中国人认为火灾和洪水是一条愤怒的龙导致的。

▶ 根据《圣经》记载，在"大洪水"之前，诺亚建造了一个巨大的方舟。在方舟里，每种动物都有雄性和雌性各一只。

大气层

地球被一层称为大气的稀薄空气所包围，大气层由于重力作用而固定在适当的位置上。大气吸收并反射太阳的能量，防止过多的热量进入地球。同时，它还可以循环水。

天气

天气是地球的大气在某一特定时间、某一特定地点的状态。天气的出现是因为大气永远在变化。影响天气的因素包括温度、气压、风、云和降水。

▶ 来自工业和车辆的污染正在引起地球温度的上升。这一全球变暖现象正在极大地影响天气模式，造成过度的洪水、干旱和热浪。

大气层的分层

根据温度和密度，地球大气层分为五层：对流层、平流层、中间层、热层和外大气层。对流层是所有天气变化发生的地方，云和风暴在这里形成。

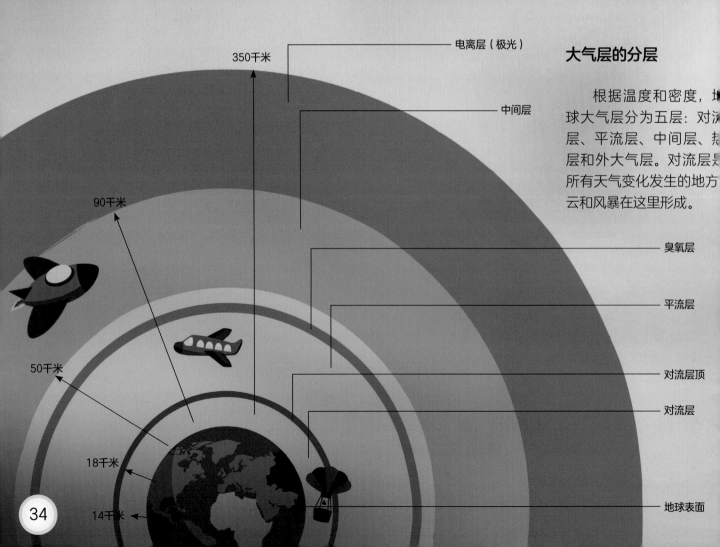

350千米 —— 电离层（极光）

—— 中间层

90千米

—— 臭氧层

—— 平流层

50千米

—— 对流层顶

18千米

—— 对流层

14千米

—— 地球表面

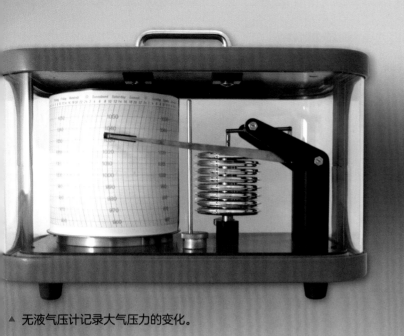

▲ 无液气压计记录大气压力的变化。

气压

大气中的空气分子对周围环境产生重量，形成我们熟知的压力。压力的大小，取决于存在的分子数量和它们的速度。随着高度增加，分子的数量减少，压力也就越小。气压会随温度而变化，温度升高通常会降低气压。

气团

具有均匀温度和湿度的大量气体称为气团。气团的性质根据发源地而异。极地地区的气团通常寒冷干燥。当气团从发源地移动时，它会碰到其他不同性质的气团。

▶ 两个气团之间的交界处称为锋面。冷锋带来暴风雨天气。

极端天气

暴风雪、暴风雨、飓风、热浪、干旱和冰雹是一些极端恶劣天气的例子。当天气变得极端恶劣时，我们会好奇，但是更会害怕。极端天气会破坏财产和农作物，甚至危及我们的生命。

▶ 当雷暴中的负电荷粒子与地面上的正电荷粒子相遇，会形成一个通道。电流通过通道迫使空气分子释放出光芒。这就产生了闪电。

变幻莫测的天气

大气的不断运动，让天气变化莫测。温度、降水（雨、雪或冰雹）、风速和大气压，以及地球围绕太阳旋转的倾斜，都会引起天气的变化。研究天气的学科叫做气象学，研究和预测天气的科学家叫做气象学家。

▲ 位于暴风雨的雨云顶层的水滴，遇冷凝结成冰晶。有时候，冰晶融化落下形成雨，有时候它们又不断增大形成冰雹。

冬季风暴

冬季风暴可能带来雪、冻雨、雨夹雪和冰。冬季风暴通常包括暴风雪、冰暴和东北大风。这些通常是极具破坏性的，会扰乱正常生活和活动。暴雪可能降低能见度，使驾车变得非常危险。

暴风雨

暴风雨包括打雷和闪电，通常还有大雨或冰雹。大多数的暴风雨并不是破坏性的，但严重的暴风雨可能导致洪水或火灾。有时候，暴风雨甚至能产生龙卷风。暴风雨通常发生在春季和夏季。这些猛烈的狂风骤雨常常发生在下午或晚上。

◀ 上升的暖空气中的水分凝结形成云、冰晶和雨，最后形成暴风雨。高空扰动是伴随着风移动的冷空气漩涡，可能会产生上升气流，从而产生一场异常强烈的雷暴。

暖湿空气上升

▼ 暴风雪是伴有强风的极端风雪天气。暴风雪可以把人和动物都埋在雪里。

GIVE WAY

热浪

"热浪"是一个用来描述长时间异常炎热天气的术语。热浪发生的主要原因是全球变暖——地球表面的热量过多。热浪可能引起致命的中暑。有时干旱也会伴随热浪发生。

观察风象

风指的是地球表面空气的运动。它通常是因为地球表面不均匀的热量而产生的温度和压力差异造成。当太阳照射某一区域，该区域上方的空气温度会上升。暖空气上升，冷空气会下降填补暖空气的位置，这样的空气运动就产生了风。

◀ 风是因为地球自转和大气压力差产生的。风总是从高压的地方向低压的地方运动。

▲ 风速计是最广泛使用的测量风速的仪器。

测量风

气象学家使用各种仪器研究并测量风的速度、方向、温度和压力。地面风由风向标和风速计测量。对于大气层中较高位置的风，我们使用测风气球或飞行报告进行研究。

蒲福风力等级

英国皇家海军的弗朗西斯·蒲福爵士（1777—1857年）设计了一套评估风速的体系。蒲福强度或等级结合了风速和风对地面物体或海面的可见影响，等级从0到12，从无风、微风到强风或狂风。

科里奥利效应

随着地球的自转，风在北半球向右偏斜，在南半球向左偏斜，这被称为科里奥利效应。这种效应对天气模式有巨大影响。

▶ 谷仓和房屋顶部的风向标告诉我们风向。

不同方向的风

根据风吹的不同方向，我们也可以对风进行分类。东风从东边吹到西边，而西风则从西边吹到东边。在赤道两边的低层大气中流动的风是信风。

▲ 吹过旱地的强风会引起沙尘暴。

风和沙的侵蚀在美国犹他州刻画出了壮丽的砂岩。

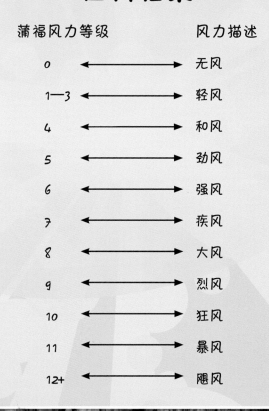

趣味百科

空气从高压区流向低压区。由于气压变化很快，空气在不同压力区域之间高速移动，形成强风。这些风速最高可以达到320公里/时，被称为急流。

百科档案

蒲福风力等级		风力描述
0	←——→	无风
1—3	←———→	轻风
4	←————→	和风
5	←————→	劲风
6	←—————→	强风
7	←——————→	疾风
8	←——————→	大风
9	←———————→	烈风
10	←————————→	狂风
11	←—————————→	暴风
12+	←—————————→	飓风

海洋天气

在海上，水手们经常会面临危险，乃至危及生命的恶劣天气。他们必须应对潮汐波、海啸和热带风暴。当这些恶劣的天气状况波及到陆地时，陆地上会产生巨大的生命和财产损失。

▲ 潮汐波的破坏力没有自由波那么强，但涨潮时溺水概率会增加，人们必须远离海滩、海湾以及海洞。

潮汐波

潮汐波是由潮汐力引起的海浪，通常指在地球两侧的海洋表面形成的大型水面起伏。这是由于太阳和月亮的引力引起的，而不是地球上的地震造成。

海啸

海啸是一种极具破坏力的巨型海浪（"海啸"的英文"tsunami"来自日语，"tsu"意为"海港"，"nami"意为"海浪"）。海啸与潮汐波形成原因不同，海啸可能是地震、海底滑坡和火山爆发引发，甚至是陨石撞击造成的。海浪冲向海岸的过程中，海啸的速度和高度急剧增加。到达海岸时，海啸的波峰可高达30米。

▲ 海啸从起点开始向四面八方扩散，一直冲到海岸，就像池塘里的涟漪一般。

热带风暴

　　热带风暴是一种强烈的热带天气系统，其中心的空气温度高于周围的空气。这些风暴的形成需要经历许多阶段，每个阶段一般会持续几天时间。热带风暴往往还会伴随着暴雨、雷鸣和闪电。

◀ 灯塔用于警示船只附近的暗礁和水位低的海域，还可以在风暴天气和暴雨中引导船舶航行。

▼ 锚浮标用于观测海上天气。每个锚浮标都配备有监测和记录天气状况的设备。

飓风来了

　　飓风是在赤道附近温暖的海洋上形成的大型旋转风暴。这些热带风暴的风速可能达到119公里/时。它们在大西洋和东太平洋被称为"飓风"，在北太平洋和菲律宾被称为"台风"，在印度洋和南太平洋被称为"旋风"。

▲ 飓风的卫星照片。

季节性发生

　　飓风主要发生在 6 月至 11 月之间。尽管气象学家对飓风可能发生的地点和时间有基本的了解，但他们仍然无法在飓风形成之前，预测飓风的确切位置。因此，在飓风形成之后，它的路径才能被预测出来。

飓风命名

　　给每个飓风命名，有助于确定和追踪它们在海上的运动路径。当两个或者多个飓风同时发生时，使用简短的名字可以防止混淆。

▲ "飓风捕手"是一个特殊的飞行员群体。他们飞入飓风，收集有价值的信息，帮助科学家预测飓风的范围、强度和运动路径。

飓风名称

目前的飓风命名系统是从1979年开始采用的。世界气象组织从名单中轮流选择名字来给飓风命名。大西洋被分配获得六份名单，每年使用一份名单。破坏性极强的大型飓风的名字将被移除，以后不再使用。

▲ 1949年，一场飓风以美国总统哈里·杜鲁门的妻子"贝丝"命名。

趣味百科

"飓风"一词被认为起源于加勒比海群岛。飓风的英文"HURRICANE"来源于加勒比海的雷暴和旋风之神的名字"HURICAN"。

百科档案

● 澳大利亚女科学家克莱门特·拉格早在19世纪末之前开始使用女性名字为热带风暴命名。

● 1953年，美国国家气象局开始用女性名字为风暴命名。

● 1979年开始，男性名字和女性名字均可采用为飓风的名字。

● 26个字母中，除了Q、U、X、Y和Z之外，以其他字母为首的名字均可用于命名飓风。

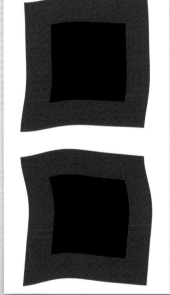

◀ 一对中心有黑色方块的红旗用于警示飓风的来临。在夜晚，两盏红灯加中间一盏白灯代替旗帜起到警示飓风的作用。

飓风警报

气象局一旦确定飓风即将到来，就会给沿海地区容易遭受强风和巨浪袭击的地区发出预警。公众通过电视、无线电广播，以及旗帜和灯光等各种方式获知警报。

暴风雨之前的平静

飓风是不可预测的。飓风的范围、强度、风速以及方向，可以在转瞬间发生变化。有一些飓风伴随着暴风雨，却渐渐消退了，而另一些飓风则以每小时95公里的速度疾驰而过。此外，一些飓风沿着直线行进，而另一些飓风则回旋前进。

飓风形成之前的各个阶段

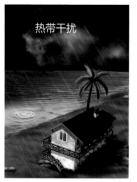
热带干扰

热带低压

热带风暴

飓风是如何形成的

飓风的形成因素包括低气压、高温、海上潮湿的空气和较低的风速等。当海面空气温度升高，空气便上升形成一个低压区，温度较低的气流进入这一区域。地球的自转导致上升的气流发生扭转，并在风眼周围形成一个气旋。温度较高的空气逐渐冷却，形成巨大的云层。

飓风是如何消亡的

飓风经过陆地或较冷的水域时，会减弱甚至消亡，因为它的能源（温水和热量）被切断了。渐渐地，飓风便会减弱直至消亡。但如果飓风移动到适宜的环境，便会再次聚集能量。

暴风雨

风眼

▲ 海洋中温暖的水蒸气含有储存在潮湿空气中的能量。当空气上升时，这些能量被释放形成云和雨。蒸汽释放的热量使空气变暖，使其上升更快。然后，更多的湿空气从海洋中被抽出，为系统提供更多的能量。

暴风眼

飓风有一个平静的、大致呈圆形的中心，叫暴风眼。暴风眼内，天空晴朗，风速适宜且没有降雨。暴风眼越小，飓风强度越大。暴风眼是风暴中最温暖的区域。它被一道"眼墙"包围，这是一道由强烈的雷暴、暴雨和强风组成的密集的墙。长形的雨云围绕"眼墙"运动，被称为螺旋雨带。

趣味百科

飓风所携带的热量只有百分之三被其猛烈旋转的风消耗掉。但仅这部分热量也相当于整个美国6个月的电力供应！

百科档案

萨菲尔-辛普森飓风等级

等级	风速
1（较弱）	119—153公里/时
2（温和）	154—177公里/时
3（较强）	178—209公里/时
4（非常强）	210—249公里/时
5（超级强）	249公里/时以上

飓风的分类

飓风根据最大风速分为五个等级。这种等级分类被称为萨菲尔－辛普森飓风等级，根据其制定者赫伯特·萨菲尔和罗伯特·辛普森的名字而命名。

飓风防御

　　飓风会对生命和财产造成巨大的破坏。通过卫星，科学家们现在可以追踪飓风，并发布监视和警报。"监视"提醒飓风可能在36小时内出现，而"警报"则意味着恶劣天气已经出现，危险迫在眉睫。

风暴前的准备

　　你可能会有好几天不能离开家，因此，一个包含瓶装水、罐头食品、收听新闻的收音机、电池、手电筒和药物的应急套装是必备物品。关闭电气设备，确保车子加满油，这样一来你可以随时离开。如果没有任何疏散命令，最好待在室内。即使风停了，也不要以为风暴已经结束，还有可能处于风眼中，风暴也许会再次来临。

▼ 应对飓风专用的带子可以将屋顶和墙体牢牢绑在一起，防风盖可以保护窗户和玻璃，防止被强风刮来的碎片和其他杂物破坏。

▲ 有时由于暴雨、山洪暴发和风暴潮，沿海和低洼内陆地区需要疏散。在这种情况下，需要建立收容营来安置那些失去家园的人。

保护房屋

　　在飓风多发地带，房屋必须具备一些特殊功能，以抵抗强风和洪水。这些房屋被架起来，以此应对飓风带来的大浪。

宠物的应急措施

　　诸如飓风和洪水之类的灾害，也会对动物造成影响。在风暴中，宠物会感到害怕和不安，还可能会受伤或被遗弃。但并不是所有的避难所都会收容动物，因此必须制定专门的措施来照顾动物。

▲ 训练有素的队伍搜寻并营救在自然灾害中无家可归的动物。

灾难来袭

热带飓风是地球上最大，也是破坏力最强的风暴。在海上，飓风风速强劲，掀起巨浪，引起风暴潮，即风暴中心的浪潮相叠，海平面上升超过6米，上升的高度甚至超过海岸。热带飓风带来的大暴雨还会导致内陆发生洪水和泥石流。

1992年安德鲁飓风

美国发生的自然灾害中造成损失最大的是安德鲁飓风。这场致命的风暴袭击了南佛罗里达州，造成265亿美元的财产损失。

◀ 飓风产生的风暴潮对陆地也会造成巨大的破坏。

致命风暴潮

美国历史上死亡人数最多的自然灾害为1900年的得克萨斯州加尔维斯顿飓风，据统计，死亡人数约为8 000人。大多数人在风暴潮中遇难。在东巴基斯坦（如今的孟加拉国），1970年的一场热带飓风引起风暴潮，导致约50万人遇难。

▲ 海牛通常在飓风来临时待在海岸附近的隐蔽区域。

1988年米奇飓风

米奇飓风是 1780 年以来最致命的大西洋飓风，它在加勒比海和巴哈马群岛肆掠了 13 天，造成的洪水和泥石流导致中美洲1 000 多人遇难，300 万人无家可归。

▼ 飓风带来的风暴潮、强风和洪水会造成无法估量的损失。

趣味百科

2004年在美国佛罗里达，由于船只碰撞而死亡的海牛数量，创造了五年来的最低纪录。生物学家认为，这可能是因为当年佛罗里达州在6个星期之内被4场飓风袭击，使得人们无法出海。2004年只有6g头海牛因与船只相撞而死，而2002年有95头。

百科档案

● 大卫飓风，1979年：登陆多米尼加共和国；风速为277千米/时；1 300人遇难。

● 安德鲁飓风，1992年：登陆佛罗里达州、路易斯安那州和巴哈马群岛；风速为270千米/时；超50人遇难。

● 米奇飓风，1998年：登陆中美洲；风速为290千米/时；约11 000人遇难。

● 弗洛伊德飓风，1999年：登陆美国；风速为250千米/时；约300万人撤离灾区，是美国历史上和平时期最大规模的疏散行动。

▲ 飓风会带来暴雨，进一步引发泥石流和洪水。

1999年飓风弗洛伊德

弗洛伊德飓风摧毁了从佛罗里达到缅因州数百英里的美国东海岸区域，造成约60 亿美元的洪灾损失。56 名遇难者中，大部分丧生于洪水。

47

龙卷风的故事

龙卷风是一种剧烈的风暴，看起来像是一团漏斗状的黑云。它的风速可达每小时500公里，所过之处一切尽毁。

▲ 最猛烈的龙卷风（F5级）会把房屋和树木连根拔起。

龙卷风季节

龙卷风在一年中的任何时候都有可能发生。在美国南部各州，龙卷风的多发季节是3月到5月，其中5月最为频繁。在北部各州，高峰期在夏季。

▶ 超级单体汇聚在一起，形成中气旋。中气旋强度逐渐增加，旋转速度加快，气旋逐渐延伸到地面形成巨大的龙卷风。但并不是所有的中气旋都会形成龙卷风。

趣味百科

龙卷风破坏力十分强，有的龙卷风甚至可以将树木连根拔起，并将树木带到几百公里以外的地方。明尼苏达州的一场龙卷风将一辆列车刮到近25米的空中！

百科档案

● 平均来说，美国每年要经历10万次风暴，造成1 000多场龙卷风和约50人死亡。大多数龙卷风属于F0级和F1级。

● 在美国发生的所有龙卷风中，F5级的龙卷风的占比不到2%。

● 每年英国报道的龙卷风平均为33起。

超级龙卷风

大多数强劲的龙卷风源自旋转的暴风雨，这种暴风雨形成于寒冷干燥的极地风与温暖潮湿的热带空气混合的地区。这些旋转暴风雨被称为超级单体，主要特征为持续旋转的上升气流，被称为中气旋，在暴风雨中不停地上升。中气旋是一个通过超级单体不停旋转的风脊，在旋转过程中逐渐形成一个漏斗状的云楼。随着云楼中的空气旋转速度越来越快，内部形成一个低压区域，将周围空气和物体吸进云楼。

在黑暗中袭击

能够形成龙卷风的暴风雨通常发生在下午。因此龙卷风最可能出现的时间段为下午3点到晚上9点。不过，无论是白天或者夜晚，任何时候都可能出现龙卷风。

龙卷风等级

在1971年，藤田哲也博士根据龙卷风对人类建筑的破坏力提出藤田龙卷风强度等级，龙卷风的强度从F0级到F5级逐渐上升。

追逐风暴

追逐风暴不是一份职业，而是一个花费高昂的爱好。追逐风暴的人来自各行各业。追逐者们热爱解开风暴之谜所要经历的挑战和冒险，以及喜欢拍摄壮观的照片和影像。

重要设备

追逐者们一天之内行驶的路程通常超过 800 公里，因此一辆性能好的车辆是最重要的装备。他们还需要配备专业摄像机、便携式摄像机、收音机、扫描仪、微型电视、微型录音机、急救箱和道路地图册。除此之外，追逐者们还需要笔记本电脑、GPS 追踪器、风速计和温度计。

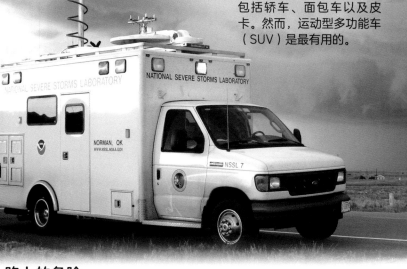

▼ 风暴追逐者使用各种车辆，包括轿车、面包车以及皮卡。然而，运动型多功能车（SUV）是最有用的。

路上的危险

风暴追逐者必须对所有情况保持警惕，强风可能掀翻车辆或者摧毁车窗。冰雹会损坏车辆和设备，造成交通事故。山洪会将追捕者们困住。在恶劣的天气中开车很危险，可能会发生撞车事故。

◀ 多普勒雷达可以在中气旋形成龙卷风前 2—4 小时发现它，从而极大地帮助预测龙卷风。

趣味百科

观测雷暴的工作，通常交给为当地社区服务的无偿志愿者。观测员的主要职责是为气象局报告重要的天气信息。观测员和追逐者们有所不同，但大多数追逐者同时也是观测员。

百科档案

● 据统计，每个季节都会有 1 000 名左右的追逐者离家追踪风暴。

● 追逐者们平均每 5 到 10 次追踪就能观测到一场龙卷风。

● 在 20 世纪 40 年代末，罗杰·延森是首位在美国中西部以北地区追逐龙卷风的人。

最易追踪的龙卷风

最易追踪的龙卷风，是那些发生在白天时段并在空旷野外移动的龙卷风。易追踪的龙卷风移动速度不能太快，裹挟的云雾和降雨不能太多。这种类型的龙卷风是龙卷风多发地带最常见的。

龙卷风走廊

与其他类型的风暴相比，龙卷风比较少见，这也是科学家们还没有完全掌握龙卷风形成、发展和消亡的原因之一。龙卷风的持续时间通常从几秒钟到一个小时以上不等。有的龙卷风在地面的移动距离可能只有几米，但有的可能超过160千米。

水龙卷

水龙卷是经过水面的龙卷风。它是由风、水和海洋浪花组成的漏斗状风暴。水龙卷的破坏性比陆地上的龙卷风小，通常形成于温度较高的热带海域。

龙卷风走廊

世界上有一些地区的龙卷风发生频率比其他地区高。在美国有一个地方被称为"龙卷风走廊"，是指大平原上从得克萨斯州中部延伸到加拿大边境的地区。在春季和初夏，这些地区具备大型龙卷风形成的有利条件，因此被冠以"龙卷风走廊"的称号。

▲ 有时，水龙卷会在陆地上移动，造成相当大的破坏。实际上，墨西哥湾沿岸的许多龙卷风都发源于墨西哥湾形成的水龙卷。

- 每年少于1次
- 每年1—2次
- 每年3—4次
- 每年4—5次
- 每年多于6次

▲ 龙卷风走廊的4月到6月是龙卷风发生最频繁的时间，而龙卷风最高发的地方是俄克拉荷马州、得克萨斯州和佛罗里达州。

翻山越岭

山丘和高山都不能阻挡龙卷风，因为龙卷风可以越过它们。1987年7月21日，一场F4级龙卷风袭击美国怀俄明州杰克逊附近的提顿荒野。这场龙卷风翻越了高达3 000米的大山，连24—30米高的松树也被刮倒！

墨西哥湾的风暴

每年冬末春初，墨西哥湾沿岸的各州经常发生龙卷风。这些龙卷风是由墨西哥湾以南的暖湿空气和北边的北极冷空气在美国中西部和南部相遇时形成的。

趣味百科

"龙卷风"一词来源于西班牙语中的"TORNEAR"，意思是旋转或扭曲。龙卷风是由旋转的风形成的，因而得名。由于同样的原因，龙卷风也被称为"龙旋风"。

百科档案

● 美国的50个州都遭遇过龙卷风，但并不是每个州每年都出现龙卷风。

● 龙卷风最常见于春季和初夏。

● 1880年以来，堪萨斯州遭受的F5级龙卷风数量最多。

● 爱荷华州每平方英里遭遇的F5级龙卷风数量最多。

● 肯塔基州所遭遇的暴力等级龙卷风（F4或F5）最多。

安全和救援

　　龙卷风中最大的危险是被刮飞的碎片。正是这些碎片导致了大部分的伤亡和损失。尽管龙卷风很少发生，但在龙卷风可能出现的地区，居民还是应该了解保护自己的方法。

面对风暴

　　当条件满足以后，气象学家会发布龙卷风警报。人们很依赖气象收音机，因为收音机即使关闭后，也可以发出警报声。龙卷风监视是对即将来临的风暴发出提醒。警报的发布，意味着已经监测到了龙卷风，人们应立即寻找避难场所。

▶ 理想的龙卷风避难所应该有毯子、瓶装水、收音机和急救箱。

安全和准备

● 保持冷静和警惕。

● 躲进地下室、小型储物间或者卫生间里。

● 远离窗户，破碎的玻璃会造成伤害。

● 用被褥或者毯子保护身体。

● 撤离可移动的房屋，在坚固的建筑中寻找避难场所。

● 如果被困在高速公路上，不要在天桥下方躲避。

● 不要躲在车里。

● 不要试图驾车躲过龙卷风。

● 用便携式收音机收听新闻报道。

● 如果你生活在龙卷风多发地带，要保证收音机有电池。

▶ 如果你在空旷的野外，可以寻找一个壕沟或者洼地，并躲在下面。

风暴避难所

　　风暴避难所是用混凝土、钢筋或者加固的玻璃纤维修建的小型建筑物。它们可以建在地上或者地下。这些避难所在结构、大小和强度等方面必须满足一系列的条件。避难所必须足够坚固，以抵御强风和飞来的碎片。

▲ 科学家们正在试验一种控制龙卷风的独特方法，云播种。这种方法是通过在中气旋中散播干冰来阻止龙卷风的形成。其目的是迫使降雨，从而减弱风暴。然而，这项实验目前还处于初始阶段。

▶ 搜救队伍通常借助搜救犬来寻找受困人员，可以节省时间和人力。

失控的旋转

现在我们知道了龙卷风，也知道龙卷风会造成生命和财产的巨大损失。然而，19世纪中叶之前，人们并没有意识到龙卷风的破坏力。事实上，龙卷风的预测和记录从1950年才开始。因此我们无法准确掌握在那之前的龙卷风的相关信息。

最大龙卷风

1974年4月3日至4日的超级龙卷风，是美国历史上破坏性最强的风暴——148场龙卷风袭击了13个州，加拿大也受到影响。这场大风暴持续了16个小时，330人遇难，5 484人受伤，破坏范围约4 000公里，其中7次龙卷风被评为F5级，另外23次被评为F4级。

▼ 2002年11月10日，几场龙卷风席卷了田纳西州莫西格罗夫的一个小城镇，造成8人遇难。

1925年三州龙卷风

1925年3月18日爆发的三州龙卷风以每小时96—117公里的速度横扫美国密苏里州、伊利诺伊州和印第安纳州，造成695人死亡。这场F5级的风暴造成了最令人震惊的城镇死亡率：在伊利诺斯州墨菲斯伯勒城，至少有234人遇难。这到底是一个龙卷风还是一串龙卷风造成的破坏，人们至今还未有定论。

▶ 美国密苏里州遭遇过一些最致命的龙卷风。

1965年4月的棕榈周日龙卷风

美国棕榈周日龙卷风爆发，12小时内产生了51起龙卷风。印第安纳州、俄亥俄州和密歇根州是受灾最严重的地区。龙卷风造成256人死亡，2亿多美元的损失。

▲ 2003年5月美国堪萨斯城在遭受龙卷风袭击之后的航拍照片。

致命龙卷风

2003年5月4日，美国经历了最致命的龙卷风爆发。据说有大约84场龙卷风袭击了八个州，此次龙卷风成为有史以来十大龙卷风之一。在堪萨斯州、密苏里州和田纳西州，至少有38人丧生。

▼ 1896年袭击密苏里州圣路易斯的龙卷风造成250多人死亡。

飓风VS龙卷风

飓风和龙卷风都是超强的风暴，但有几个不同之处。飓风由于其规模庞大，很容易被发现，在到达陆地的前几天便可追踪到。而龙卷风形成速度快，警报通常只有几分钟，移动的方向也无法预测。

▲ 飓风的运动路径或者行进方向各异，但龙卷风通常会由西南到东北方向移动。

◀ 在飓风和龙卷风的风眼周围，循环的空气是逆时针方向流动的；但是飓风的风眼比龙卷风的风眼（直径只有几米）要大得多（直径可达80公里）。

趣味百科

厄尔尼诺现象和拉尼娜现象与热带太平洋表面的海水温度发生巨变有关。气象学家认为厄尔尼诺现象能够影响大范围的气候模式，但他们还未发现厄尔尼诺现象和拉尼娜现象直接导致龙卷风的形成。

百科档案

● 飓风的直径可达480—800千米，而大型龙卷风的直径通常只有1.6千米。

● 飓风的风速通常为119—257千米/时，而龙卷风的风速可达322—483千米/时。

● 气象预报员可以提前两三天预测大范围的飓风，并能提前6—10小时准确定位飓风的地点。而龙卷风警报只能在风暴来袭前20分钟或更短时间内发出。

成因不同

飓风在温度高的海域上形成。龙卷风通常形成于陆地，因为干燥的冷空气和湿润的暖空气对流产生。

形状不同

飓风是由环绕在风暴中心的一组螺旋状的雷暴组成。龙卷风以漏斗状云的形式悬挂在雷暴底部，并接触地面。

◀ 飓风比龙卷风造成的破坏更大，因为它们的规模更大，持续时间更长，还伴有其他副作用，如风暴潮和山洪暴发。

持续时间不同

飓风的平均持续时间为一周，由于地区不同，通常在2—10天不等。大多数龙卷风只能持续几分钟或半小时，也有一些龙卷风持续了7小时。

破坏力不同

飓风能造成广泛的破坏，按照萨菲尔－辛普森等级从C1到C5来衡量。龙卷风造成的损失通常是局部性的，按照藤田级数从F0到F5级不同进行划分。

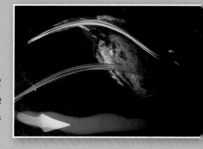

▶ 厄尔尼诺现象通常会导致赤道附近热带太平洋的海水温度异常升高。

风暴副作用

飑风和龙卷风都伴随着暴雨、冰雹和强风。然而，比起龙卷风，总体上飑风造成的损失更大，破坏面积更广。

危险重重

飑风带来的风暴潮、洪水和强风能够破坏建筑物，低海拔地区还可能发生沿海洪水。相比之下，龙卷风破坏力没有那么强。但超强龙卷风中，旋转的气流可以将人和动物吸进云楼，将树木连根拔起，还会将车辆刮飞。

暴风之后

暴风过后会留下长期的破坏性影响，尤其是飑风。风暴过去，灾区人民通常会面临疾病肆虐和饥荒的危险。桥梁、道路和铁路的破损阻碍了搜救工作。被损坏的电话线路以及电线杆导致通信中断，还会导致停电。

风暴潮

风暴潮是由飑风的强风引起的海平面上升。在风暴眼横扫陆地的时候，海水沿着风暴眼涌入沿海地区，可能在内陆数千米的地区引发危险的洪水。

海上的危险

飑风对出海的水手也是一种威胁。在飑风中，货船和渔船剧烈晃动，被推向海崖甚至被海浪吞噬。如果风速达到每小时37—61公里，小型船只便会收到警报。

▶ 飑风造成的暴雨可能导致山体滑坡，冲走房屋和人员。

科学家们研究龙卷风和飓风已有大约一百年的历史。今天，通过计算机模拟和卫星图像，气象学家可以越来越精确地跟踪和预报这些大风暴。

◀ 除了发明水银温度计，托里切利还提出大气压强的变化会导致天气变化。

◀ 伽利略的温度计虽然没有给出准确的示数，但可以反映温度变化。

早期气象仪器

在古代，天气预报主要依靠天空观察——万里无云的天空预示着晴朗的天气，乌云密布的天空预示着暴风雨。17世纪初，意大利科学家伽利略发明了温度计，一种可以探测温度变化的仪器。1643年，伽利略的学生伊万杰利斯塔·托里切利发明了测量大气压强的气压计。后来，利用湿度计和水银温度计使天气预报成为现实。

早期预测

17世纪末，法国科学家洛朗·德·拉瓦锡提出，通过每天测量大气压强、空气湿度和温度、风速和风向，可以提前几天预测天气。到了20世纪，类似无线电探空仪的设备开始被发明出来，这种仪器是一个盒子，内含温度计、湿度计和气压计。将无线电探空仪绑在气球上，上升到一定高度便可收集温度、湿度、风速和风向的相关数据。

▼ 传统的仪器，如验温器和气压计仍然被用于预测飓风和龙卷风等天气情况。

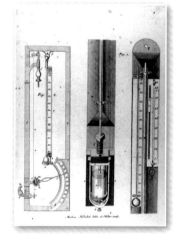

预测飓风

1875年，人类第一次成功预测了飓风。一位任职古巴哈瓦那气象台台长的西班牙牧师贝尼托·维涅斯，对先前的风暴进行了详细观测，并研究了飓风的风速和云层模式。1875年9月11日，他在报纸上发表了第一次飓风预报。两天后风暴袭击古巴海岸时，他的预测挽救了好多人的生命！如今，气象学家使用各种各样的仪器来预测飓风并发布预警。

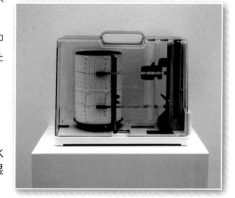

▶ 湿度计用于测量空气中水蒸气的含量，反映空气湿度水平。

趣味百科

20世纪70年代，科学家们开始了移动风暴研究计划。其中之一是便携式龙卷风观测仪。科学家们将其安装在龙卷风的运动路径上，以便测定风速、风向、温度和大气压强。但便携式龙卷风观测仪经常会被强风损坏，所以后来被多普勒雷达代替。

百科档案

● 1494年，克里斯多弗·哥伦布在一场热带飓风中保护了他的舰队，之后写下了欧洲人第一次遭遇飓风的经历。

● 1743年，本·富兰克林提出，飓风的运动路径和风向并不一致。

● 1831年，威廉·雷德菲尔德发现飓风的旋转方向为逆时针。从此，他开始收集飓风的轨迹。

● 1875年，贝尼托·维涅斯发布了他对飓风做出的第一次预警。

观察与预测

　　一旦飓风和龙卷风形成，科学家们会使用各种工具和仪器来追踪它们的位置，但很难预测风暴的确切路径，因为它的方向、速度和强度都会瞬间变化。气象预报员只能对风暴可能袭击地区的居民发出警告。

监测飓风

　　当飓风还在远处的海上时，监测飓风的方法主要是卫星云图、船只和锚浮标。当飓风距离海岸 322 千米时，雷达会提供关于风暴的测量数据，电脑模型用于预测风暴的强度和运动路径。

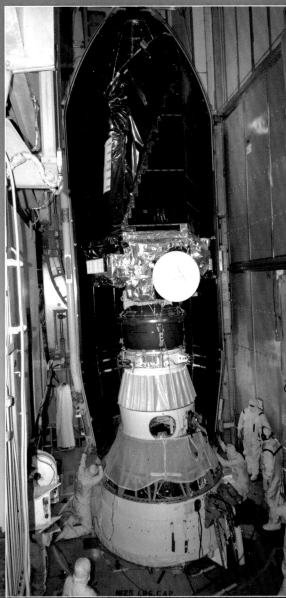
▼ 人造卫星是由多级运载火箭发射到太空的。

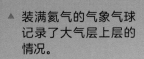
▲ 装满氦气的气象气球记录了大气层上层的情况。

天空之眼

雷达和气象卫星是预测恶劣天气的主要工具。多普勒雷达可以探测到风暴内部的剧烈旋转，帮助预报员发布具体和实时的龙卷风预警。

分秒必争

随着科技的进步，科学家们可以在龙卷风形成之前发出警报。预报的平均提前时间从19世纪90年代初的5—6分钟提高到了现在的10—11分钟。

趣味百科

装载卫星定位系统的落风探测器，是无线电高空测候器的一种改进版本，由投送飞机飞入飓风中将其投放。探测器配备的降落伞使其在飓风中缓慢下降。探测器在下降过程中收集信息并用无线电传回飞机。

百科档案

● 天气预报员使用经纬度追踪飓风的运动，经纬度可以定位地球上的任何地点。

● 多普勒雷达可以测量降雨或冰雹向雷达方向前进或者远离的速度。风暴离雷达越远，测量的准确性越低。

● 19世纪80年代，多普勒雷达作为下一代天气雷达计划被用于气象预报中。下一代天气雷达是一种多普勒计算系统，用于追踪和分析形成龙卷风的风暴。

● 在美国，只有国家气象局可以在全国发布龙卷风预报。

◀ 地球同步气象卫星在赤道上空运行，而极轨卫星则在极地上空运行。

超级幸存者

想象一下，你被困在一场破坏力极强的龙卷风或者飓风中，且你得以幸存并有机会讲述遭遇风暴的过程！以下是一些令人震惊的真实故事，故事中的幸运儿们在龙卷风、闪电、飓风和风暴潮中活了下来。

在龙卷风中幸存

2000年12月17日，一场F4级龙卷风席卷了美国阿拉巴马州的塔斯卡卢萨县，造成12人死亡，100多所房屋被毁。但是约翰·毕比和他的妻子成功地活了下来。大约10年前，毕比在屋外修建了一个临时地下避难所。在灾难发生的那天，警报响起时，这对夫妇和他们的两只狗躲进了避难所。

▲ 美国北卡罗来纳州阿什维尔的大卫·莱德福德和他的狗狗安吉尔，在肆虐的飓风中幸存下来。

在风暴潮中幸存

1969年卡米拉飓风引发了一场风暴潮，密西西比州的玛丽·安幸存下来。在建筑物开始倒塌的时候，玛丽被海潮冲出窗外，她抓住一切能够抓到的东西，如家具和树枝。12小时后，她在离公寓6千米之外的地方被发现。玛丽虽然受了重伤，但很快就康复了。

◀ 约翰·毕比从他的避难所爬出来。

59

在闪电中幸存

1981 年 5 月 23 日，吉恩·摩尔和他的朋友，在俄克拉荷马州追逐风暴时被闪电击中。幸运的是他们都活了下来。他们在事发时没有意识到身处危险之中，因为他们没有看到闪电、雷鸣和降雨，然而当时龙卷风已经袭击了方圆 2.5 公里的地方！

▲ 2001年10月9日，袭击俄克拉荷马州科德尔市的龙卷风摧毁了几座建筑物，造成了严重破坏。当地的一家汽车旅馆是风暴的受害者之一。然而，奇迹的是，一对老夫妇站在照片所示的门框下，躲过了龙卷风的袭击。

安德鲁飓风中的幸存者

在 1992 年的安德鲁飓风中，佛罗里达州霍姆斯特德的贝尼特斯一家躲进一个小壁橱里得以幸存。因为洪水泛滥，他们在里面站了两天。他们一直没有食物，因为强风把一切都吹走了。暴风雨过后，他们的房子只剩下三堵墙和屋顶。

▼ 1999年，当丹尼斯飓风袭击北卡罗来纳州海岸时，小鹰镇的房屋由于抬高了高度而没有受损。

趣味百科

在飓风多发的地区，房屋采用一种特别的建造方式来抵御风暴。这些房屋用长长的高架抬高，看起来像长腿的小鸟。因此，当飓风引发洪水时，这种建造方式可以让房屋高过水面，不被海水淹没。在刮大风时，特殊的绑带可以固定住屋顶。防风盖可以保护窗户免受损坏。

档案百科

● 1974年4月，袭击俄亥俄州谢尼亚的F5级龙卷风摧毁了维克多·格雷戈里的农舍，但留下了三件易碎的东西：一面镜子、一箱鸡蛋和一盒圣诞饰品。

● 1923年，加拿大萨斯喀彻温省乌伦市，一场龙卷风将一名女婴从童车上卷走。几个小时后，有人发现她在3 000米外的一间小屋里睡着了。

● 有一个非常著名的事件，1928年，堪萨斯州的一位农民威尔·凯勒被吸进龙卷风的云楼，最终存活了下来。

● 1955年7月1日，9岁的莎伦·韦罗和她的马被南达科塔州的龙卷风卷走，翻过一个山丘并穿过了一个峡谷，最后掉落在305米外的地方。

传说和文学中的龙卷风

飓风和龙卷风的破坏性力量除了让人恐惧，也让人深深为之着迷。自古以来，人类都在试图战胜和驾驭这些风暴。古老的部落会向"天气神"进贡，让他们"息怒"。

世界各地的天气神

古代人们认为恶劣的暴风天气，是愤怒的天气神造成。在约鲁巴神话中，女勇士欧雅是风火雷的女神。她生气时，会制造龙卷风和飓风。在埃及传说中，塞特被认为是风暴之神。

▶ 希腊传说将宙斯视为天空和天气的神。人们认为是他引起的雷电和暴雨。

◀ 在古埃及，塞特跟飓风、暴雨、雷电、地震、日食、月食等自然灾害相关。

玛雅神话中的飓风

玛雅人相信，是闪电之神胡拉坎在水面上吹气，造成了陆地的干旱。玛雅人每年都会把一个年轻的女人扔进海里，作为取悦胡拉坎的祭品。让一名战士带领女孩前往胡拉坎的水下王国，这名战士也因此被牺牲。

据说，暴风雨来临之前，马匹会焦躁不安，甚至还会高速奔跑起来。

龙卷风轶事

在相当长一段时间里，人们相信龙卷风无所不能，可以从井里吸水、使房屋爆炸，甚至能让鸡脱掉羽毛。但这些奇怪轶事不过是一些谎言，或者对于现实的歪曲理解。还有一个普遍的错误理解，龙卷风是被河流和山丘搅动而成。

◀ 在阿兹特克神话中，羽蛇神是风神，人们相信他曾经也是太阳神。

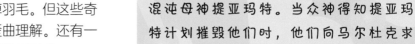

趣味百科

在巴比伦神话中，众神之神马尔杜克借助飓风的帮忙，打败了暴躁脾气的混沌母神提亚玛特。当众神得知提亚玛特计划摧毁他们时，他们向马尔杜克求助。带着弓箭、风和飓风，马尔杜克抓住了提亚玛特，并用飓风灌满了她的下腹部。然后，他一箭射中她的腹部杀死了她。

百科档案

- 人们一直以为堪萨斯州的托皮卡城被佰奈特山冈所保护，但1966年6月8日，风力强劲的龙卷风越过了佰奈特山冈，袭击了托皮卡城。

- 对龙卷风呼啸的声音（类似货运车的声音）进行第一次录音，是在1974年的齐妮亚龙卷风期间完成的。在龙卷风逼近城市时，托马斯·尤根打开了录音机。

▲ 在杀死了提亚玛特后，马尔杜克成为了众神之神。

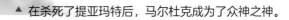

地球内部

你可能觉得脚下的土地坚硬牢固，但实际上地球内部却不是如此。地球最表面的覆盖层叫做地壳。地壳下面有三层：地幔、外核和内核。地壳和地幔上层构成了岩石圈。

像太阳一样热

地幔是地壳下面一层厚厚的岩石层，由硅、铝、铁和镁等氧化物构成。接下来是外核，呈现熔融状态。在地球的中心是内核，据说那里跟太阳一样炙热！

大气层	
外核	
内核	
地幔	
地壳	

▲ 当地壳构造板块在地球表面移动时，它们的边缘经常发生碰撞。图中显示两个板块相互移动。

▲ 尽管内核温度高达5 000—6 000℃，但超高压使内核呈固体状态。

◀ 火山爆发会喷出三种物质：熔岩、岩石和气体。

◀ 当地壳构造板块互相撞击时，一块通常会滑到另一块之上。

喷火

当地球从内部深处喷出熔岩时，是通过火山喷发出来的。火山是地球表面的开口，熔岩、热气体和岩石碎片通过火山口喷发出来。

像一个足球

就像足球的表面有很多小块一样，地壳是由岩石板块组成。这些板块被称为地壳构造板块。不过，与足球不同的是，这些板块不是平静地相互连接，它们之间经常互相碰撞。

摇摇晃晃

大多数地震都发生在岩石板块边缘处。这些板块相互移动或碰撞，使地球要么轻微地摇晃，要么发生非常强烈的震动。

趣味百科

地幔上部的温度可以达到870℃。随着深度加深温度逐渐升高，到达外核时温度为2 200℃，内核温度可能达到7 000℃。

百科档案

距地球表面的深度

● 地幔：深达2 900公里

● 外核：深达5 150公里

● 内核：深达6 400公里

火山

　　火山喷发也许是地球上最壮观的景观之一。火山就像大自然的烟火，但它们的威力和危险性非常大。一次猛烈的火山喷发甚至可以把整座山炸平。

令人敬畏的力量

　　地球内部强大的力量，导致了火山爆发。地球表面形成了开口，岩浆、热气和岩石碎片喷涌而出。

熔化的岩浆

　　地球内部的超高热量把岩石熔化为岩浆和气体。充满气体的岩浆从地幔缓慢上升到地球表面。随着岩浆上升，它在地表附近形成了一个巨大的岩浆囊。

喷涌而出

　　从岩浆囊里，岩浆沿着一条熔化的通道上升到地表。这些通道都在地表相对较软的地方形成。随着岩浆接近地表，会从喷发口里喷涌而出。

喷火

　　随着火山喷发，巨大的、炽热的灿云上升到山顶，炽热的熔岩流从山的侧面流下来。火山喷发时，灼热的火山灰和煤渣从山顶喷出，大块的热岩被抛向高空。

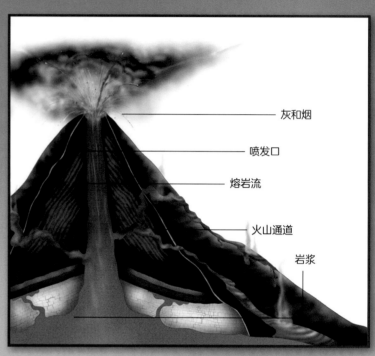

灰和烟

喷发口

熔岩流

火山通道

岩浆

▲ 火山物质在火山口周围逐渐累积起来形成了火山。

▶ 热点是地球内部被认为异常炎热的区域。有些类型的火山，是在热点地区形成的，比如夏威夷的火山。科学家们还没有完全了解它们的特性。

◀ 大多数火山喷发时威力巨大，将熔岩、火球和火山灰喷向空中。

趣味百科

　　有些火山喷发发生在火山岛上。这些岛屿实际上是海底的火山露出水面的山峰。这些火山在一段时间内不断发生火山喷发，逐渐形成岛屿。有时候，熔岩喷发会沿着海底的狭窄裂缝发生。在这种情况下，熔岩从裂缝中流出，形成海床，或者最终形成一座新的火山。

百科档案

● 大多数的岩浆是在地表以下80—160公里的地方形成的。

● 岩浆囊形成于地表以下3公里左右的地方。

● 据估计，岩浆的温度高达1 000—1 200℃。

● 熔岩的温度高达900—1 170℃。

火山分类

并不是所有的火山都是一样的，科学家们通过不同方法，根据喷发频率、形状、构成火山的熔融岩石等对火山进行分类。

▲ 夏威夷群岛的活火山基拉韦亚山以东的火山口喷发熔岩。

活火山和死火山

活火山是那些经常喷发或最近才喷发了的火山。尽管平时很安静，但有时也会很暴力。间歇性火山会定期喷发，休眠火山通常很安静，并且很长一段时间内都不活跃，但它们也可能再次喷发。而死火山是有历史记录以来从来没有喷发过，并且可能永远不会喷发的火山。

盾形火山

当大量自由流动的熔岩从喷口溢出并向四周扩散时形成了盾形火山。熔岩慢慢地形成了一座低矮、宽阔、圆顶状的山。夏威夷的莫纳罗亚山就是由成千上万条独立而又互相重叠的不到15米长的熔岩流形成的。

▼ 拉森火山国家公园位于美国加利福尼亚州北部喀斯特山脉，以拉森火山峰为特色。这座火山最后一次喷发是在1921年。

复式火山

复式火山是熔岩和岩石碎块同时从中心喷发口喷出后形成的。这些物质在火山口附近层层叠叠地堆积，几层就可以形成高耸的（通常是锥形）山峰。

▲ 位于坦桑尼亚的乞力马扎罗山是一座被白雪覆盖的休眠火山，也是非洲最高的山峰。

锥形火山

大多数的岩石物质喷发后会跌落回火山口周围。这些物质主要是煤渣，堆积起来形成了一座圆锥形的山，顶部有一个碗状的火山口。这些锥形火山高度从几米到几百米不等。

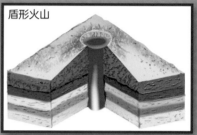
盾形火山

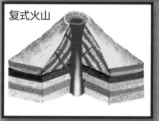
复式火山

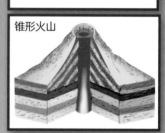
锥形火山

◀ 主要的火山类型为盾形火山、复式火山和锥形火山。

海底火山

大多数火山爆发发生在海底。这些水下的熔岩喷发，沿着海底狭窄的裂缝发生，熔岩从裂缝处流出，形成了新的海床或海底地壳。但是，现在还没有人观察过深海喷发的实况。

无法看见

由于大多数海底火山爆发都在深海位置，因此在海面上无法看到。人类只观察到火山作用形成的一些特殊特征。随着喷发出的熔岩和火山物质堆积数年，水下火山慢慢形成岛屿。

冷却固体

水下的高压使海底火山和陆地火山表现不同。压力使气体和蒸汽保持溶解状态，防止了剧烈爆炸。在这样的情况下，熔岩成块地、平静地从斜坡滚下，像一个个枕头一样散开。熔岩快速冷却成为固体，在斜坡侧面上堆积。

▶ 枕头状熔岩是当熔融的岩石与冰冷的海水接触快速凝固形成的。

▼ 海洋中部的洋脊像棒球球体的缝合线一样环绕地球。在缝合线上的地壳持续移动分离，形成了新的海底。洋脊上有成千上万座火山会定期喷发。

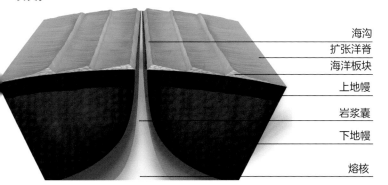

海沟
扩张洋脊
海洋板块
上地幔
岩浆囊
下地幔
熔核

沙子和碎石

从较浅的海底火山喷发的熔岩，或者从陆地流入大海的熔岩，冷却得非常快。熔岩分裂成沙子和碎石，沉积于沿海地区，夏威夷最著名的黑沙滩就是这样形成的。

◀ 夏威夷的黑沙滩是由热熔岩和海水剧烈的相互作用造成的。

浅水水域

当火山在浅水水域喷发，蒸汽和岩屑可能会喷出海面。尽管大部分的岩屑会沉淀在海底，但洋流会让岩屑在海洋大面积范围内漂流。

趣闻百科

海底火山口对于大多数的生物来说是有毒的，尽管如此，还是有一些奇异的、有着特殊适应能力的生物生活在火山口附近。喷出的熔岩为海洋板块形成新的边缘，同时也为那些特定的生物产生热量和化学物质。

百科档案

海底火山

● 数量：估计世界范围内有超过100万座海底火山。

● 平均深度：大约2600米。

● 大洋中脊能产出：世界范围内75%的岩浆。

岩石与矿物

从火山喷发出的物质主要有三种：熔岩、岩石碎块和气体。火山喷发出来的物质主要取决于岩浆的黏性和流动性。

熔岩

岩浆流到地球表面后被称为熔岩。当岩浆到达地球表面时，是非常炙热的。然后，岩浆开始冷却，硬化成了各种岩石物质。

▲ 海底主要由玄武岩构成，玄武岩是由大洋中脊裂缝流出的熔岩形成的。

岩石物质

像玄武岩之类的岩浆岩，是岩浆在地表快速冷却形成的。如果岩浆被堵在地球内部的一些狭小空间中也可以形成岩浆岩，花岗岩就是岩浆缓慢冷却形成的。

矿物开采

世界上大多数的金属矿，比如铜、金、银、铅和锌，都是多年来数次火山活动的结果。这些矿物质深藏在火山发源地的岩浆中，矿物开采也通常在这些地方进行。

火山碎屑

　　火山碎屑来自于浓稠的岩浆。因为岩浆很浓稠，没有任何气体可以逃脱。无法释放的气体产生了非常大的压力，岩浆爆炸成为了碎块或碎屑。火山碎屑包括火山尘、火山灰和火山弹。

◀ 紫罗兰色的紫水晶是矿物石英的一种形式，被视为宝石。

▼ 钻石是通过一种叫做金伯利岩的不寻常的岩浆，从地幔带到地表的，这种岩浆从火山通道里喷发而出。

▲ 浮石是熔岩在地面上迅速冷却时形成的岩浆岩，这些岩石非常轻且多孔。

间歇泉和温泉

除了喷发口，火山周围区域还存在其他一些有趣的现象，例如温泉和间歇泉。火山口的泥、黏土和热水混合在一起形成了泥浆锅。从火山口释放的气体让泥浆锅产生泡泡。热水以蒸汽的形式到达地表，就形成了喷气孔。

温泉

温泉是在陆地表面发现的大量热水。地球深处的熔融物在冷却后，散发出的水蒸气形成了温泉。热蒸汽通过岩石的裂缝向上运动，在这个过程中逐渐冷却下来，凝结成水，在地面冒出泡沫。

富含矿物质

温泉水清澈并且矿物质丰富。矿物质是水从地球深处上升过程中，岩石溶解而来。像日本、新西兰、肯尼亚以及冰岛等国家都以温泉出名。

▲ 许多温泉都会沸腾发出蒸汽，我们从表面看就是冒泡。美国黄石国家公园的冠池就是这样的温泉。

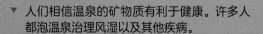
▼ 人们相信温泉的矿物质有利于健康。许多人都泡温泉治理风湿以及其他疾病。

天然喷泉

间歇泉是大自然自己的喷泉，从地表的一个喷口喷出热水和蒸汽。科学家们认为，这些喷泉是在水进入地球深处，并与岩浆加热的岩石产生相互作用时产生的。

趣味百科

　　水下火山也可能形成间歇泉和温泉。海水从洋脊岩石裂缝中缓慢渗入，流向海底，在那里水被加热到300—400℃，变成蒸汽后从火山喷口喷出。

百科档案

● 现存最高的间歇泉——位于美国黄石国家公园诺里斯间歇泉盆地的蒸汽船间歇泉。高度：116米。

● 历史上最高的间歇泉——新西兰的怀曼谷间歇泉，在1904年的一次山体滑坡中被彻底破坏之前，曾经是世界上最高的间歇泉。高度：超过300米。

▼ 从间歇泉喷出的热水和蒸汽通常可以达到50米的高度，有时候可以达到500米。

喷射而出

　　熔融岩石的热量让水沸腾，高压让蒸汽产生气泡，最后当压力足够大时，水和蒸汽会从洞口爆炸性地喷射而出。这个过程可以周期性地重复。

▶ 火山喷气孔是比较弱的间歇泉，这些间歇泉从裂缝中喷出像硫蒸气之类的火山气体。

地球并不是唯一发生火山爆发的地方。科学家观察到在地球的卫星月球上，以及其他太阳系行星上也有火山活动的证据。在月球或者其他行星上，例如火星或金星的火山已经有300万—400万年历史。

熔岩海

月球上没有像夏威夷火山和美国圣海伦斯火山那样的大型火山。然而，月球表面的大部分地区都被熔岩覆盖。早期的天文学家误认为那是水，并称之为"玛丽亚"或"玛丽"（拉丁语"海"的意思）。

静静地流淌

由于月球上缺乏溶解水和重力，因此月球上没有剧烈的火山爆发。虽然月球背面有一些小的火山丘和火山锥，但大部分火山顶基本上是平坦的，在喷口周围形成了宽大而细长的岩层。由于月球的重力小于地球的重力，熔岩流动性更强，能够在更大面积范围内平静地流动。

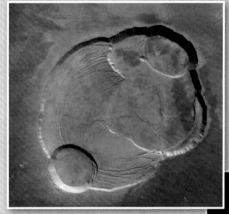

▲ 火星上最大的火山——奥林匹斯蒙斯火山是一个圆形结构，面积可以横跨地球上整个夏威夷岛链。

▼ 伽利略号探测器是美国宇航局派出研究木星及其卫星的无人宇宙飞船。伽利略号木星探测器上的活火山图片。

最大的盾形火山

尽管火星上的火山数量不多，但火星上有太阳系最大的盾形火山。这个"红色星球"还有巨型的火山锥、像海一样的火山平原和其他一些特点。不过，现在在火星上几乎没有活火山了。

数量最多

金星上的火山比所有太阳系其他行星上的都要多。没人能确定到底有多少，总数可能超过100万个。金星上大多数的火山是盾形火山，但也有一些不常见的火山。同样，也无法证明这些火山是否还是活火山。

▼ 金星上的火山爆发有岩浆流动。不过没有任何迹象表明有爆炸性的火山喷发现象。

著名火山

在地球表面，有500多座活火山，在历史上至少爆发过一次。其中一些火山的名字被人们广为所知。

▼ 1748年，一名农民偶然发现了一块被掩埋的墙砖，自此对于庞贝古城的考古发掘工作开始。现在已有四分之三的庞贝古城被发掘，让游客得以看到大约2 000年前的建筑。

维苏威火山

维苏威火山是意大利那不勒斯东面的一座火山。维苏威火山最猛烈的一次爆发发生在公元79年，那一次彻底摧毁了古罗马城市庞贝和赫库兰尼姆。在那之后维苏威火山还爆发过很多次，被认为是世界上最危险的火山之一。

▲ 莫纳罗亚火山是世界上最活跃的火山之一。从1843年第一次记录开始，已经有33次爆发。最近的一次是1984年。

▲ 1980年圣海伦斯火山的猛烈喷发把山顶炸飞了，使火山高度降低了400米，留下一个马蹄形的火山口。

圣海伦斯火山

圣海伦斯火山是美国华盛顿州的一座活火山。有记录的第一次喷发在1800年，破坏性最大的一次喷发在1980年，造成57人丧生和成千上万的动物死亡，并摧毁了200多座家园。那次喷发持续了9个小时。

莫纳罗亚火山

莫纳罗亚火山是世界上最大的活火山，几乎占到夏威夷岛一半的面积。它是一座盾形活火山，上一次喷发是1984年。在夏威夷语中，"莫纳罗亚"的意思是"延绵的山脉"。

趣味百科

公元79年，人们以为维苏威火山已经成为了死火山，它的火山口已被植物覆盖。结果，这座火山突然喷发，让全城措手不及，并将庞贝和赫库兰尼姆完全掩埋，这两座城市的遗迹直到1 700年后才得以重见天日。

百科档案

● 埃特纳火山：最高峰超过3 200米，火山基座150公里。

● 圣海伦斯火山：高约2 550米。

● 维苏威火山：高约1 281米。

● 莫纳罗亚火山：高约4 170米。

埃特纳火山

埃特纳火山是意大利西西里岛东海岸的一座活火山，是欧洲最高的火山，并拥有历史上最长的喷发时长纪录。

其他著名火山

　　火山带给人们的不仅是火焰、岩浆和灰尘，更多的是让许多人心生敬畏。除此之外，火山也是科学家和普通人好奇和感兴趣的对象。

富士山

　　富士山是日本最高的山，被五大湖泊包围着，富士山是风景最优美的火山之一。富士山被判定为活火山，但它喷发的风险非常低。有历史记录的一次喷发是在1707年。

▲ 日本著名的锥形活火山富士山在冬季被积雪完全覆盖。

基拉韦厄火山

　　基拉韦厄火山是世界上最活跃的火山之一，一直都有岩浆不断流出。基拉韦厄火山的喷发不仅发生在山顶，在其延伸到东部和西南部大海里的裂缝地区也会喷发。

斯特隆博利岛

　　斯特隆博利岛的火山活动拥有历史最长纪录。它是意大利伊特鲁里亚海的一座小岛。在过去至少2 000年的时间里，它几乎一直在喷发。

▲ 火山爆发的岩浆在彻底冷却变成固体之前，可以流动好几英里。炎热的岩浆会将流经之地的所有事物摧毁或烧尽。但由于熔岩流动缓慢，人们通常有足够的时间可以撤离。

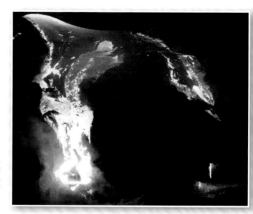

▶ 夏威夷岛的基拉韦厄火山因其频繁喷发而闻名于世，不过大多数喷发都局限于火山口。

雷尼尔山

　　雷尼尔山位于美国华盛顿州皮尔斯县。雷尼尔山几乎全部被冰雪覆盖。它是著名的包括雪攀和滑雪在内的冬季运动胜地。它最近一次喷发是175年前。

◀ 几个世纪以来，雷尼尔山一直被叫做塔荷马山。1792年5月8日，英国皇家海军的海军上校乔治·温哥华正式把这座山以他的朋友海军少将彼得·雷尼尔的名字命名。

趣味百科

　　印度尼西亚拥有历史记录上最多的活火山，一共有76座。这些火山被记录的喷发一共有1 171次，造成了大量的死亡。

百科档案

- 雷尼尔山：高约4 392米。
- 富士山：高约3 776米。
- 斯特隆博利火山：高约900米。
- 基拉韦厄火山：高约1 222米。

专门对火山进行的研究称为火山学，研究这门科学的人被称为火山学家。火山学家的工作既刺激又充满危险。要成为一名火山学家，需要在高中学习数学和科学，在大学学习地质学！

预测爆发

火山学家最主要的工作是预测火山爆发。火山爆发时，周围地区的财产很难得到保护，但如果在爆发之前让人们转移到安全地点，可以拯救很多人的生命。

▲ 雨果水下观测器在检测夏威夷附近的罗西水下火山。这个项目始于1997年，目的是为了研究水下火山。

使用的工具

火山学家使用各种仪器来预测火山爆发。倾斜仪用于测量火山的膨胀，用以监测岩浆的上升或下降水平。一种叫做地震仪的装置有助于探测岩浆引起的地震。温度计监测该区域的温度变化，气体探测器则测量气体的释放量。

◀ 1983年，地质学家在基拉韦厄火山爆发时测量熔岩喷发的高度。

▶ 火山学家使用一种叫做热电偶的特殊温度计来测量熔岩的温度。

危险的任务

　　火山学家必须严格遵守安全规则，因为他们需要在喷发中的火山附近进行工作。日本的浅间山、夏威夷的基拉韦厄火山，还有意大利的维苏威火山等火山的山坡和边缘，都搭建了观测台。阿拉斯加的观测台追踪记录当地100多座活火山。

因公殉职

　　莫里斯克·拉夫特和凯蒂娅克·拉夫特是著名的火山学家，他们研究并拍摄了全世界许多火山喷发的过程。1991年，在拍摄日本云仙山火山喷发时，被炙热的岩浆击中身亡。

▲ 夏威夷火山观测台（HVO）位于基拉韦厄火山喷口边缘。观测台设立于1912年。

▼ 火山学家穿着一套类似太空服的衣服，戴着头盔和手套。这套服装能帮助他们在喷发火山周围的高温中生存下来。

趣闻百科

　　一些火山，比如位于夏威夷的火山，因为某些特征和迹象使得监测比较容易。这些火山在喷发之前，随着岩浆囊里的岩浆聚集，地表会轻微膨胀。当岩浆上升，周围区域温度升高，会发生几次较小的地震。此外，还有气体云从喷发口逸出。

百科档案

火山活跃时间

● 意大利埃特纳火山：约3 500年。

● 意大利斯特隆博利火山：约2 000年。

● 瓦努阿图伊苏尔火山：约800年。

火山与天气

许多年来，地球经历了缓慢的气候变化。导致变化的因素有很多，其中之一就是火山爆发。

小爆发

世界各地几乎每天都有小型火山爆发。由岩石和碎片组成的火山灰被抛向高空，但它们对天气几乎没有影响。大爆发对地球的气候则会产生显著影响。

▶ 火山灰能被喷射到高达几千米的空中。火山灰中的气体在大气层上层形成一层薄雾，影响全球气候。

▲ 当炙热的熔岩进入海洋时，因为热量和化学反应产生白雾。

气溶胶效应

火山灰是由熔岩颗粒和含有二氧化硫在内的气体组成的。在高层大气中，二氧化硫转化为气溶胶。这些气溶胶能将太阳的辐射反射入外太空，这样到达地球表面的太阳光减少，导致地表温度下降。

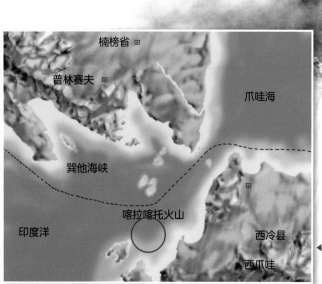

◀ 喀拉喀托火山在1883年爆发的时候，把整个岛的北部夷为了平地。

喀拉喀托火山

1883年印尼喀拉喀托火山爆发后，火山灰通过喷流扩散到高层大气中。据信，当时的世界气温估计下降了1.2℃。

变暖放缓

不过，即使是更大的火山爆发对于地球气候的影响也只是短暂的，可能持续十年左右。这样的火山喷发最多只能减缓当前全球变暖的趋势，而不能永久阻止。

▼ 根据某种理论，恐龙的灭绝就是火山爆发造成的。在长达几百万年的时间里，火山爆发产生的灰尘和烟灰，阻挡了阳光。结果造成食物短缺，温度变化。一些科学家认为，恐龙不能适应这样的变化，所以灭绝了。

地震

　　地球内部的各种扰动引起地面的摇晃或震动，叫做地震。强烈的地震会摧毁很多东西，包括建筑物和桥梁。

断层线

　　大多数的地震发生在断层线上。断层线就是地壳岩石板块的一条或多条破裂线。随着地壳构造板块的移动，板块之间互相碰撞、分离或移动叠加，常常会引起震动。断层的存在让震动板块相互漂移，这是地震的主要因素之一。

▲ 加利福尼亚的圣安德烈亚斯断层是太平洋板块和北美板块相互碰撞的位置。

▲ 根据地表震动的不同强度，地震可能给大楼、铁路、桥梁以及水坝等人造建筑带来不同程度的破坏。

高应力

　　在特定的一段时间内，地球的板块运动使断层沿线产生巨大的应力。当应力过大，板块漂移产生的能量突然释放导致地震的发生。

震中

　　在地球表面位于震源正上方的那一点是地震的震中。震中附近通常是摇晃最强烈的位置。

震源

　　在地球内部，岩石首先断裂或移位的点叫做地震震源。大多数地震的震源在地表以下 70 公里处，最深的可能达到地表以下 700 公里处。

▼ 震源是当地震发生时，地球内部突然发生运动的那一点。而后，冲击波才会传向地面。

震源
地震波
断层线
震中

趣味百科

　　地震发生的时候，突然爆发的运动可以释放能量。这种能量以地震波的形式在地球上传播。地震波从地震的震中向四面八方传递，能量逐渐变弱。

著名地震

　　地震很少直接致人死亡。伤亡通常由于人造建筑比如大楼、桥梁和房屋的倒塌，或是损坏的输气管道引起的大火，又或是洪水带来。落石或倒下的树木树枝也很危险。

▼ 1906年4月18日的加州地震持续了大约不到1分钟，造成700多人死亡。

火灾危险

　　地震能够造成死亡和财产损失，主要原因是其后引发的火灾。1906年的旧金山地震是美国历史上最严重的灾难之一，因为地震之后的大火肆虐了三天三夜。

智利地震

　　1960年5月22日智利大地震是有史以来最大的地震。地震起源于智利南部的海岸，引发了海啸袭击夏威夷和南美洲沿海地区，大约3 000人在地震及海啸中丧生。

▶ 1964年阿拉斯加地震90%以上的死亡缘于地震后袭击海岸的海啸。

日本地震

1923 年 9 月 1 日的日本关东大地震造成了巨大的破坏。在这场 7.9 级地震中,超过 10 万人丧生。地震引起的火灾达到 88 起。

▼ 1923 年发生在日本东京和横滨的关东大地震引起了一系列毁灭性的火灾。

▶ 1971年2月9日发生在圣费尔南多的地震是加州历史上最严重的地震之一。这次地震的震级为里氏6.5级,造成60多人死亡和大规模的财产损失。

测量地震

虽然地震无法准确预测，但科学家们能够测量地震的强度，也能够精确定位震中和震源。

里氏震级

测量地震强度最常用的参考标准是里氏震级。1935 年，德国地震学家贝诺·古腾堡和美国的查尔斯·F. 里克特共同开发提出了里氏震级。它的标准是从 1 到 10 的数字，每增加一个数字，振动幅度增加 10 倍。

◀ 中国哲学家张衡在公元132年发明了已知最早的地震仪。地震仪看上去像是一个酒罐，直径约两米，外面有八只龙头，分别朝向地震仪上的八个主要方位。地震发生时，根据地震方向，其中一个龙头会吐出一个球。

强度递增

里氏震级每增加一个数字，意味着地震释放的能力增加了 32 倍。比如震级为 7.0 的地震释放的能量，比震级为 6.0 的地震释放的能量多 32 倍。

地震测量

人们使用地震仪记录地震的强度和位置。地震仪的传感器叫做地震检波器，可以探测地下的运动。

探索者洋脊

马里亚纳弧

东太平洋海隆

━━━━ 大洋中脊系统

·········· 弧形列岛/海沟系统

▲ 世界上的主要地震有大约80%都发生在环绕太平洋的一条被称为"火环"的地带上。

▲ 火奴鲁鲁地球物理观测站的仪器，可以监测整个太平洋盆地远端的潮水水位，用来预警海啸。

▲ 科学家使用光电测距仪来监测一段时间内断层线附近的地球表面变化，希望能够更加精确地预测地震。

◀ 地震仪所形成的曲折线称为地震图。它显示了地震强度的变化。

火山和地震的特征

　　有些地震是由火山中的岩浆运动引起，这种地震可以作为火山爆发的早期预警。地震和火山也会引发海啸、泥石流、火山灰流和滑坡等现象。

泥石流

　　泥石流通常发生在山顶有大量冰雪覆盖的火山，因为火山喷发或地震引发的雪崩造成大量冰雪快速融化。快速流动的泥石流将沿途上的一切事物都冲走了。

▼ 地震会引发山体滑坡，造成生命损失和财产损失。

海啸灾难

　　大型地震以及一些海底火山爆发，可能产生一系列威力巨大、破坏力超强的海浪，被称作海啸。海啸能够淹没海岸地区，在接近海岸附近的浅水区时，海啸的高度会增加。

◀ 有时候，火山灰和水混合能够形成滚烫的泥石流，破坏力巨大。

▲ 在海啸袭击海岸之前，海水通常会退去。2004年斯里兰卡的卡鲁塔拉海滩正是如此。如果斜坡比较缓，海水退却可以超过800米。

印度洋

2004年12月26日，印度洋的一次里氏9.0级的地震引发了一系列的海啸，至少160 000人死亡，是历史上有记录以来最致命的一次海啸。

无知而丧命

有些人没有意识到海啸带来的巨大危险，有时候会因好奇而留在岸边，或者在海啸前海水退潮时捕鱼。当海啸汹汹而来时，他们已来不及逃跑了。

◀ 2004年的海啸给印尼的亚齐省带来了大范围的破坏。这张图片显示的是2004年12月26日平静的海岸线。

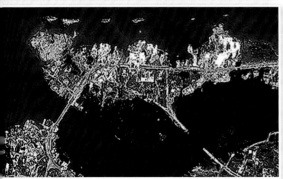

◀ 2004年袭击印度洋的海啸摧毁了所经之处的一切事物：道路、建筑、桥梁以及成千上万人的生命。

趣味百科

尽管都是海浪，但海啸和潮汐波并不相同。潮汐波是由强风产生的巨大海浪引起，海啸是由水下扰动（通常由地震引发）引起。

百科档案

● 泥石流速度：陡坡上每小时近100公里。

● 海啸高度：最高达到30米。

● 海啸速度：平均800—970公里/时。

做好准备

地震随时可能发生，万无一失的预警系统尚未开发出来，我们必须依靠特殊的建筑技术和生存知识来保护自己。

建筑结构

地震易发地区的一些特殊建筑技术，能够在地震发生时减少伤亡和财产损失。抗震技术包括建筑地基螺栓加固以及安装称为剪力墙的支撑墙。

▲ 横跨葡萄牙里斯本塔格斯河的悬索桥被设计为能承受大地震。它的一个地基被固定在水下79米深的地方。

固定

在居家、学校和工作场所的抗震建筑中，重型设备和家具一定要固定，以防它们在建筑物晃动时跌落。煤气、水管线要用柔软的接头，以防泄漏。

余震

大型地震通常伴有许多较小里氏级的地震，这些后来的地震被称为余震，仍会造成巨大的破坏。正确的处理方式是远离墙壁、窗户、楼梯，以及可能掉落的已经破碎的结构。

▲ 地震时被困室内，最佳的安全措施是躲在大型家具下面，或靠墙站立。

疏散

与地震不同，火山爆发通常能较准确地预测。一旦火山学家发出警告，火山附近区域就会被疏散。虽然财产损失无法避免，但却能拯救人命。

▶ 新西兰蜂巢议会大厦距离惠灵顿断层带只有400米，惠灵顿断层带有可能引发大地震。因此，这座建筑必须重新建造新的地基、更坚固的墙和新的横梁，并在地基和主梁之间放置特制的橡胶和铅块。

救援行动

灾难发生后，必须立即开展救灾和救援工作。在地震或火山爆发后，救援人员会搜寻幸存者。

蜂窝结构

倒塌的建筑物就像有空隙的蜂巢，让困在里面的人得以生存。在 1992 年菲律宾地震的例子中，一名男子被困在一家地震中倒塌的旅馆里，13 天后被救出，只是脚踝受了伤。

奇迹

不寻常的生存故事常被称为"奇迹"。救援队知道，这种可能性是存在的。所以救援队伍在瓦砾中挖掘时必须很小心和有耐心。

▲ 一支救援队在进入之前，需要等待一座建筑物被支撑起来，因为经历了地震后的房屋结构可能变得很脆弱。

▼ 被困在地震废墟中的人，如果在 72 小时内获救，生还机会更大。

▼ 1906年4月18日旧金山地震造成了一系列破坏。地震发生后，好几个街区的公寓被严重损坏，大火肆虐了几天几夜。

高科技搜救

消防队员使用一系列专业设备，来定位被困在倒塌建筑物的空隙里的受害者。这些设备包括光纤和探地雷达技术、专用搜索摄像头、感应声音和振动的高灵敏度仪器、搜救犬以及直接的视觉和语音联系。

火山救援队

火山救援队伍组建是为了应对随时可能发生的紧急情况。救援队队员都接受过专业训练。

▶ 地震救援队伍使用热成像相机定位困在废墟中的幸存者。

趣味百科

一位伊朗巴姆地区的97岁老妇人被认为是世界上最年长，也是最有名的地震幸存者。2003年12月26日，伊朗发生地震，她在废墟中困了9天后，才被成功救出。

百科档案

国际红十字委员会是世界上历史最长的救援组织。100多年来，它一直帮助战争和自然灾害的受害者。

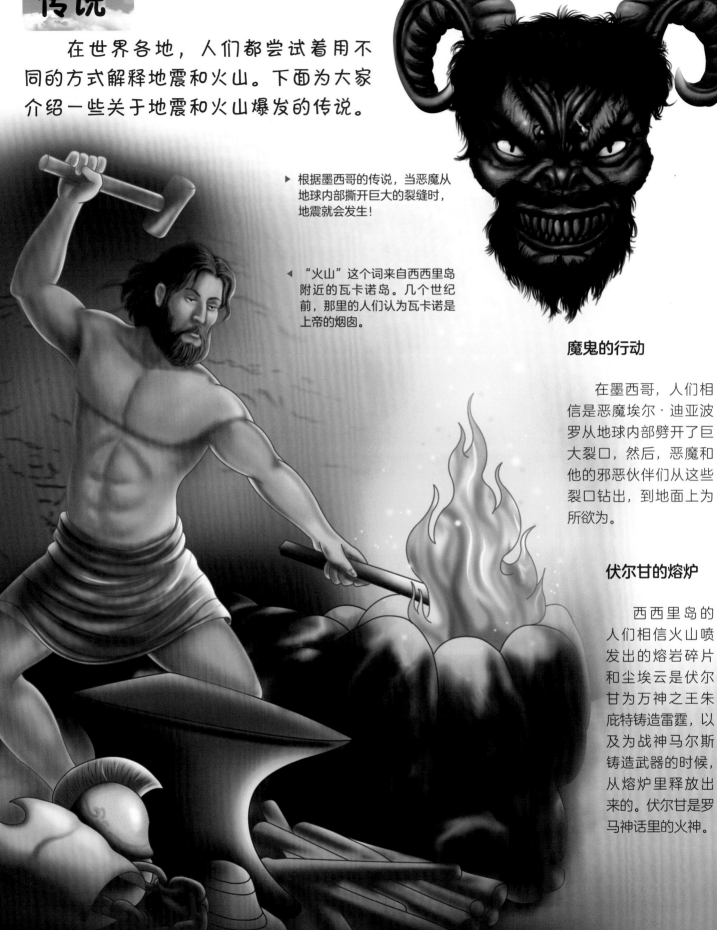

传说

在世界各地，人们都尝试着用不同的方式解释地震和火山。下面为大家介绍一些关于地震和火山爆发的传说。

▶ 根据墨西哥的传说，当恶魔从地球内部撕开巨大的裂缝时，地震就会发生！

◀ "火山"这个词来自西西里岛附近的瓦卡诺岛。几个世纪前，那里的人们认为瓦卡诺是上帝的烟囱。

魔鬼的行动

在墨西哥，人们相信是恶魔埃尔·迪亚波罗从地球内部劈开了巨大裂口，然后，恶魔和他的邪恶伙伴们从这些裂口钻出，到地面上为所欲为。

伏尔甘的熔炉

西西里岛的人们相信火山喷发出的熔岩碎片和尘埃云是伏尔甘为万神之王朱庇特铸造雷霆，以及为战神马尔斯铸造武器的时候，从熔炉里释放出来的。伏尔甘是罗马神话里的火神。

宝贝鲁神

在新西兰的传说中，地球母亲的子宫里孕育着一个孩子，年轻的鲁神。每次他伸展手脚或者踢腿时，都会发生地震。

希腊传说

在希腊，哲学家亚里士多德提出，不受控制的强风被困在地下洞穴中，当这些风挣扎着逃逸时，地震就会袭击地球。

▲ 夏威夷人把火山活动归因于美丽但暴躁的女火神贝利。每当她生气或不怀好意的时候，就会让火山喷发！

◀ 公元前4世纪，亚里士多德提出，地震是由困在地下洞穴中的强风引起。

趣味百科

在夏威夷传说中，火神贝利擅长乘坐一种木制雪橇从陡峭的山坡滑下。有一次，帕帕莱亚和其他酋长首领向贝利发起挑战，通过比赛决定谁是木制雪橇的最佳骑手。帕帕莱亚赢得了比赛，以火爆脾气著称的贝利制造了一场巨大的岩浆流，将几位酋长首领和旁观者卷走，还用他们做成了熔岩树。

百科档案

中美洲民间传说地球是方的，由四个神将它的四个角落吊起来。当神们认为地球太拥挤时，他们会将地球倾斜以去除多余的人。

火山爆发是自然的"烟花秀"，地震是地球摇晃的结果。虽然火山和地震都会造成大规模的破坏，但它们的景象令人惊叹。事实上，游客们非常希望去火山区，看那流淌的熔岩或滚滚浓烟。

近距离观察

曾有火山学家探险进入了一些火山口。但是没有人能沿着火山口再向下探索，因为那里的温度太高且充满了毒气。人们只能通过观察旧的火山口来研究火山爆发的原理。

▼ 火山学家有时不得不在火山口内进行勘探，收集岩石和气体样本进行研究。

月震

人们观察到了月震（月球表面的震动），但月震发生比地震少得多。而且，月震通常比地震的强度弱。大多数的月震发生在非常深的地方，大约在月球表面和月球中心之间的深度。

▼ 在阿波罗登月任务期间首次发现了月震，月震比地震弱。

动物们的感知

人们认为动物能够感觉到地震即将发生，它们会表现出一些奇怪的行为。但是，动物的这些行为变化并不能精确地预测地震。因为动物的特定行为与地震之间的关系还没有被确定。

▶ 阿拉斯加是世界上最容易发生地震的地区之一，每年有超过4 000次不同深度的地震记录。

地震的人为因素

人类也对地震的发生负有责任。修建水坝储存大量的水体，以及引爆巨大的炸弹，这些活动都有可能导致地震。

趣味百科

阿拉斯加是世界上最容易发生地震的州。那里几乎每年都会发生7级地震，14年发生一次8级或更大的地震。

百科档案

里氏5级地震释放的能量，是人类第一颗原子弹释放的能量的一万倍。

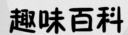

▲ 人们相信动物能预先感知地震。例如，在公元前373年，一场毁灭性的地震袭击希腊城市赫利克。在那之前几天，老鼠、蛇和鼬鼠成群结队地逃离这座城市。

天气怎么样

当你望向窗外，看天气是晴是雨还是有风的时候，你是在查看天气。天气是在特定时间和地点的空气状态。天气可能热或冷、多云或晴朗、多风或平静。

天气和气候

天气和气候不同。天气是指空气在短时间内，通常为几小时到几天的状况；气候是长期的，通常为 10—30 年的平均天气状况。

▼ 农作物的种植取决于天气情况。在一些国家，农作物只在预计会下雨的时候种植。

与生命有关

天气影响农业生产计划。农民需要晴朗的天气来进行种植并收获庄稼。植物需要阳光和雨水进而生长，暴风雨或突然的霜冻会损坏农作物。

天气好与坏

变幻的天气从各个方面影响我们的生活。我们根据不同的天气穿衣服，冷的时候穿厚衣服，热的时候穿薄衣服。天气甚至可以影响我们的情绪。

恶劣的天气

工业、交通和通信也会受到恶劣天气的影响。龙卷风、风暴和暴风雪等极端恶劣天气甚至会导致人员死亡。当天气变得很糟糕的时候，往往找不到藏身之处！

▼ 冬天，我们穿羊毛衣服以保持体表温度。

▲ 天气可能在一天之中，甚至几小时之内发生变化。早上还晴空万里，到了中午就可能阴雨不断。

趣味百科

研究天气的科学家叫做气象学家，他们可以预测天气。他们的预测结果会在网络、电视或报纸上公布。

百科档案

● 最高温度：利比亚阿兹兹亚，58℃。

● 最低温度：南极沃斯托克，零下89℃。

● 最高年度降雨量：印度乞拉朋齐，2 647厘米。

● 最低年度降雨量：智利阿里卡，约0.8毫米。

阳光和雨水

影响天气的因素包括风、压力、温度、湿度、云和降水。所有的天气变化都发生在大气的最底层，即对流层。

从太阳开始

太阳的能量使地球的某些部分比其他部分更热。不均匀的加热会导致温度、风、气压和洋流的变化，进而产生天气变化。

温度变化

热空气比冷空气轻。当空气被加热后上升，冷空气迅速填补空位，这就产生了风。有像微风一样轻柔的风，也有像暴风雨一样的疾风。

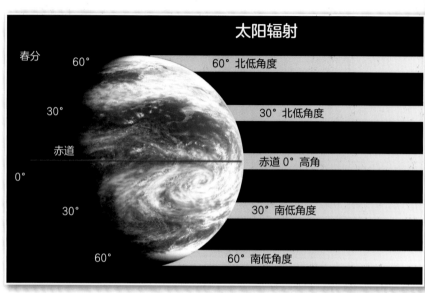

太阳辐射

春分 60° — 60° 北低角度
30° — 30° 北低角度
赤道 — 赤道 0° 高角
0°
30° — 30° 南低角度
60° — 60° 南低角度

▲ 太阳光垂直照射在赤道，使赤道成为最热的地方。而北极和南极是最冷的地方，因为在那里阳光并不是垂直照射的。

◀ 大气层保护我们不受太阳有害辐射的伤害。

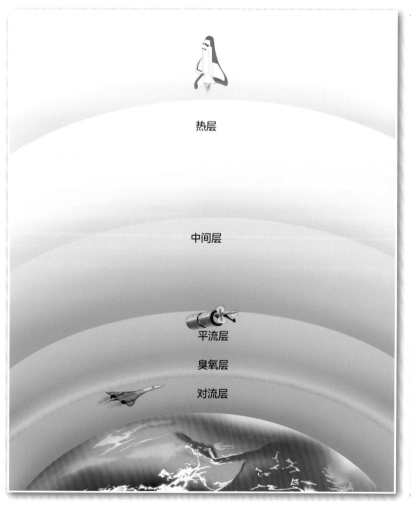

热层

中间层

平流层

臭氧层

对流层

趣闻百科

与地球一样，火星也有大气层。人类通过观测已经发现了火星上各种天气奇观，包括粉色天空、冰云、巨大的沙尘暴和旋风。

百科档案

地球将30%的太阳能量反射回太空。其中具体情况如下：

● 白雪反射85%的太阳能量。

● 干旱的土地反射10%的太阳能量。

● 云层反射20%以上的太阳能量。

水蒸气

太阳可以促进水循环，这个过程是水形成云和雨的形式，在陆地和空气之间循环。太阳给河流、湖泊和海洋中的水加热，将其转化为蒸汽，这叫做蒸发。

▼ 水循环产生降雨、降雪或雨夹雪。这些水又返回河流、湖泊和海洋。

水循环

储存在冰雪中的水

储存在大气中的水

冷凝

降水

融化的雪水汇成溪流

蒸腾作用

蒸发

储存在冰雪中的水

地下水渗入

地下水储存

地下水储存

地下水排放

地表径流

冷却

当水蒸气上升，周围空气越来越冷，水蒸气遇冷变成微小的水滴，形成了云。当水滴变得太重时，它们以雨、冰雹、雨夹雪或雪的形式落下。这个连续的过程形成了水循环。

▶ 太空望远镜的图像显示火星上的巨型沙尘暴和旋风。火星上的风速可达到200公里/时。火星上还多云多雾。

风和云

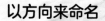

　　风和云是天气的重要组成部分。当空气从高压区流向低压区时，产生了风。云是在水蒸气上升的过程中遇冷形成的。

以方向来命名

　　一些风的方向是特定的，人们根据这些风的方向给它们命名。从东面吹来的叫做东风，从西面吹来的叫做西风。

阵风

　　阵风的基本规律是，压差越大，风就越大。风速用一种叫做风速计的仪器测量。

◀ 风速由一种叫做风速计的仪器测量。它上面的三个"杯子"会随风旋转。风速计应安装在离地9米高的地方。

▶ 风的速度差别很大，从夜晚微微凉风到横行肆虐的风暴。压差越大，风力越大。

乌云密布

当水蒸气凝结成微小的水滴时，云就形成了。它们可以是白色、浅灰色或深色，并有各种形状和尺寸。薄薄的云叫做卷云，蓬松疏软的云叫做积云，一层一层的云叫做层云。云的类型有十几种，人们根据它们不同的高度和呈现的形状命名。

雨云

不是所有的云都会变成雨，只有雨云才会变成雨。通常，积雨云是最危险的。它们可以引起冰雹、闪电、龙卷风、下降气流、下击暴流等。

趣味百科

在沙漠中，气温能够上升到非常高，产生短时旋风，这种急速旋转的热风持续不会超过几分钟。

百科档案

- 海风可以在30分钟内让气温下降8—11℃。

- 最高风速可达372公里/时，测于华盛顿山。

- 旋风高度可超过100米。

- 风最大的地方有英联邦湾和南极洲海岸，那里的风速可达每小时119公里。

- 卷云形成的高度在9 144米或更高。

云的类型

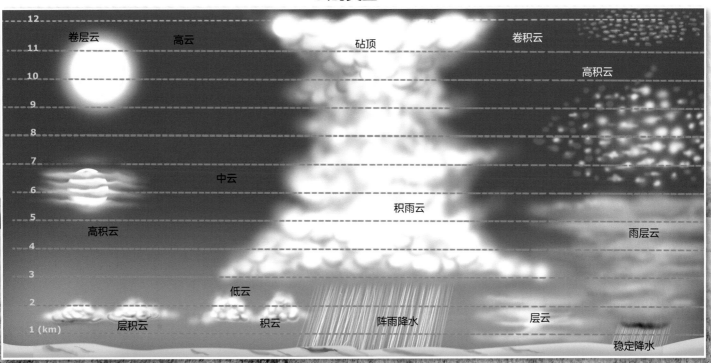

四季

　　一年四季中春、夏、秋、冬的气候条件各不相同。季节是由于地球以倾斜的轴线围绕太阳公转而产生。向太阳倾斜的地区会出现夏季，而远离太阳的地区则经历冬季。

▲ 因为地球的倾斜地轴和围绕太阳转动的椭圆轨道，不同的区域得到不同的阳光照射，于是产生了四季。

冷和热

　　春天的时候，北半球越来越温暖。夏季到来，白天炎热，夜晚气温也不低。到了秋季，天气变得凉爽起来，然后逐渐过渡到寒冷的冬天。当北半球经历冬季时，南半球是夏季。

四季或两季

　　地球上有些地区并不四季分明。在热带地区，气温变化不大。但是降雨量不同，这些地区只分雨季和旱季。极地只有极昼和极夜两个季节。夏季时太阳几乎全天照射，冬季则是持续的黑暗。

极端情况

　　夏季是最温暖的季节，冬季是最冷的季节。极地的冬季非常寒冷，而沙漠地区的夏季能够达到 50℃。

▶ 天气状况的变化预示着新的季节开始。随着秋天的临近，每天的气温逐步下降，预示着冬天的来临。

夏天　　秋天

春天　　冬天

▶ 极地地区只有在夏季时才有阳光照射。冬季则是漫长的黑暗和寒冷。

气候

某个地区内长期的天气被称为气候。一个地区的气候决定了该区域内可以生存的动植物种类。对气候的研究叫做气候学。

▼ 沙漠气候的特点，包括极端炎热的白天，非常寒冷的夜晚，还有强风。

纬度点

太阳对一个地区的气候起着至关重要的作用。一个地区的纬度，即赤道以北或以南的位置，决定了太阳光线照射的角度。这就造成了不同的气候条件。

▶ 生活在冰天雪地环境的人们经常使用滑雪板、雪橇或者机动雪橇等作为交通工具。

其他因素

相同纬度的地区也可能气候不同，气候还受其他因素的影响。比如，大陆内陆地区的夏季比海岸地区的夏季更炎热，因为海风可以降低海岸地区的温度。山区的气候也不一样。

气候的分类

全世界的气候可以按照许多方法划分。最主要的五大分类是：热带、干旱、暖温带、寒温带和寒带。每个分类下面还有许多细分。

▲ 人们居住的房屋为了适应当地气候而修建成不同样子。在多雨的地区，房屋的房顶通常是倾斜的，这样雨水就能尽快排干。

广义分类

热带气候地区一年四季都很温暖，没有冬天，而寒冷气候地区则要经历漫长而严酷的冬天。沙漠地区气候干燥，几乎没有降雨，而亚热带地区的夏季温暖潮湿，冬季温和。寒温带地区的气温并不极端，降水充沛。

北极圈

北回归线

赤道

南回归线

永久的
北极
寒冷
沙漠
温暖
热带
山地

闷热潮湿

虽然没有其他恶劣天气那么剧烈，但是极端炎热的天气也可能致命。热浪通常能够影响更广泛的地理范围和更多数量的人群。

▲ 如果不采取预防措施，热浪会导致致命的中暑。

相对值

相对湿度是指空气在下雨前能保持的水分量，它的最高值是 100%。沙漠地区的相对湿度最低可以到 20%。

湿度系数

空气中的水蒸气含量称为湿度。空气中的水分越多，湿度越大。空气所能容纳的水分量取决于它的温度，较冷的空气含水量较少。

◀ 应对热浪最好的方法是待在阴凉处以及摄入大量的水。

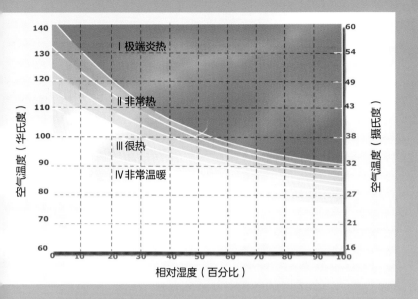

热指数

　　热指数综合了温度和相对湿度，反映了在正常至低湿度环境中的真实感受。高温和危险的温度指数大多出现在夏季。

趣味百科

　　在平静晴朗的夜晚，靠近地表的空气快速冷却。如果空气的温度降到了露点以下，它就会在草、树叶、窗户或者其他物体表面上留下露珠。

百科档案

● 极端危险（54℃或更高）：大面积中暑。

● 危险（40—54℃）：长时间暴晒或体力运动可能导致中暑。

● 非常注意（32—40℃）：长时间暴晒或体力运动可能导致中暑衰竭。

● 注意（26—32℃）：长时间暴晒或体力运动可能会感到疲乏。

露点

　　空气饱和的温度叫做露点。如果温度降到露点以下，空气中的水分会凝结。

狂风暴雨

暴风雨是所有天气条件中最令人着迷也是最危险的一种。暴风雨能够把树木连根拔起，飓风能够摧毁整座城镇。暴风雨体现出天气最狂野的一面！

长短不一的暴风雨

暴风雨的规模和持续时间各不相同。最小的龙卷风或暴风雨通常影响 25 平方公里的地区，持续数小时。最大的暴风雨、飓风或旋风可能影响整个大陆，并持续数周时间。

毁灭性的力量

暴风雨向我们展示了大自然令人敬畏的力量。一次暴风雨释放的总能量可能比原子弹还要大！尽管我们不能控制风暴，但我们可以预测、预防大范围的破坏。

旋转龙卷风

《绿野仙踪》中的龙卷风把多萝西带到了一个新的地方。现实生活中的龙卷风不能做到这一点，但它们具有相当大的破坏性。在龙卷风中，高速旋转的风柱与地面接触，形成一个狭窄的漏斗云。

▲ 热带风爆发生在热带地区。它的强风足以把树连根拔起。

▶ 北半球的大多数龙卷风是逆时针旋转的，南半球的龙卷风则是顺时针旋转。

在龙卷风发生时，除了专门建造的避难所，最好的保护自己的方法是躲进地下室或者是楼梯间。

飓风来去匆匆

飓风是一种猛烈的螺旋状风暴，当温暖潮湿的空气在海面上升，形成巨大的云层时就会产生这种风暴。更多的空气在上升空气下面聚积并高速旋转，加速形成了循环。当这些狂风袭击陆地时，它们会摧毁沿途的一切。

▶ 飓风可能延绵几百公里。飓风的中心很清晰，被称为风眼。空气在风眼的地方下沉，并相对平静。

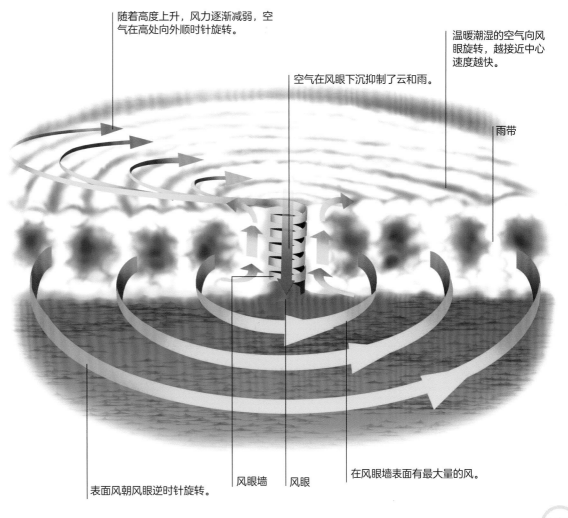

随着高度上升，风力逐渐减弱，空气在高处向外顺时针旋转。

温暖潮湿的空气向风眼旋转，越接近中心速度越快。

空气在风眼下沉抑制了云和雨。

雨带

表面风朝风眼逆时针旋转。

风眼墙

风眼

在风眼墙表面有最大量的风。

电闪雷鸣

　　雷暴是剧烈的、短暂的天气扰动。当温暖潮湿的空气迅速上升到大气中较冷的区域时，就会发生这种现象。

下降气流

　　随着空气上升，水蒸气凝结形成了高耸的云。当水滴变得非常沉重，就会下起倾盆大雨。然后，冷气柱向地面下沉，通过强风或雷暴袭击地面。

▶ 闪电击中高树，让树木燃烧起来。

闪电

　　雷雨伴有闪电。云层中的冰晶相互摩擦产生电，引起闪电。放电加热了空气，带来巨大的轰鸣声，被称为打雷。

▲ 不是所有的闪电都会击中地面。从云层到地面的闪电占到了所有闪电的10%。其他类型的闪电包括云到云的闪电，以及云内闪电。

罕见的景象

有一些闪电非常罕见，比如红色精灵和蓝色喷流。这些闪电都不是裸眼能看到的。

◀ 为了防止雷电破坏高层建筑的屋顶，通常会放置长形的金属棒。这些棒可以拦截闪电，并通过电缆将电流引至地面。

冲击力量

闪电比较容易击中高的物体，比如高树和高楼。如果你遇到了雷雨天气，可以蹲在地上躲避雷击。千万别在大树下面躲避。

趣味百科

在听见雷声之前就能看到闪电，因为光速比音速快。如果要检测暴风雨还有多远，可以数一数闪电和雷鸣之间的时间有多少秒，用秒数除以3可以得到公里数。

百科档案

● 世界上每一秒有1800起雷暴发生。

● 闪电可以击中距离母云16公里甚至40公里以外的目标。

● 雷暴发生时，每秒能产生100次闪电。

● 最长的闪电可达190公里，测于美国达拉斯。

● 雷暴速度为19—161公里/时。

暴雨冲刷

雨水对于生命来说是很重要的，因为它为人类以及动植物提供水分。雨水是由空气中的水蒸气形成的。但过多的雨水也是有害的，它能引起洪水，对人们的生命财产造成破坏。

▲ 雨衣和雨伞可以帮助你在大雨中不被淋湿。

雨滴尺寸

雨滴的尺寸区别非常大，直径从 0.50—6.40 微米不等。

▲ 雨滴的形状取决于它的大小。直径小于1毫米的雨滴是圆形的，较大的雨滴落下时会变平。

季风阵雨

季节性降雨，特别是在热带附近地区，由季风引起。夏季席卷南亚的季候风会带来极强的降雨。

滚滚洪水

洪水泛滥是由于突然的、过量的降雨引起河水、溪流或其他水体水位决堤导致。这种情况会在短时间内发生，且可能是致命的，特别是当洪水来临而没有任何预警时。

密切监控

天气预报在减少洪水损失中扮演着重要角色。通过发布暴风雨和洪水警告，能最大程度减少生命财产损失。

▲ 船只、救生艇和直升飞机用于营救被洪水困住的人们。

严寒时刻

天气冷到牙齿打战或者感到寒冷刺骨，是天气变化的另外一种极端形式。在冰河时代，整个地球被冰雪覆盖。虽然冰河时期在15 000年前结束，但地球上有一些地方，比如格陵兰岛、西伯利亚和南极，仍然终年被冰雪覆盖。

▼ 山的高度、山坡的陡峭程度和冰雪的类型决定了雪崩的可能性。

冰雪覆盖

地面上的雪因为风、温度和雪自身的重量而不断发生改变。如果雪在经历了春夏的融化之后再次凝结，会变得更厚重，最终会变成冰并形成冰川。

滑行的雪崩

与雪崩的情况类似，固体冰和雪层也是危险的。雪崩是大量包含冰、泥土、岩石和树木的移动积雪。

猛烈的雪

当一团不稳定的雪从山坡上向下滑落，就会引发雪崩。雪球会越滚越大，越滚越快。

世界各地的白雪覆盖地区

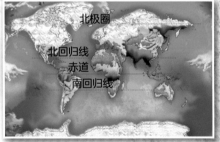

北极圈
北回归线
赤道
南回归线

▲ 冰河时期

▼ 今天

北极圈
北回归线
赤道
南回归线

保护作用

雪在冬季时能保护农作物不受霜冻和寒冷干燥大风的伤害。格陵兰岛和加拿大北部的人们住在冰雪做成的冰屋里。

趣味百科

英国历史上1550年至1750年之间的气候被称为小冰河时代。当时的冬季非常寒冷，泰晤士河都结冰了。人们在结冰的河上搭起了帐篷，摆起了小型摊位，还有各种穿插表演，举办了冰上展览会。

百科档案

● 世界上90%的冰都在南极。

● 冰雪覆盖了地球表面23%的面积。

● 霜冻发生在冰点以下。

● 雪崩的最高速度可达每小时394公里。

雪、冰雹和冰

虽然降雨是最常见的降水形式，但不同的天气条件会导致水以不同的状态降落，可能是雪、冰雹，甚至是冰。雪和冰只有在温度接近冰点时才会下降，冰雹在夏季也会降落。

冰暴

冬季风暴包括冰暴和暴风雪。大多数冰暴发生在气温低于冰点的时候。在这样的风暴中，降水以雨的形式降落，但在它接近地面时，雨凝结成冰。地面和街道覆盖了一层冰，使地面变得非常滑，经常引起交通事故。

◀ 在暴风雪中行驶，几乎看不见任何短距离内的东西。因为风雪的风速超过每小时72公里，能见度几乎为零。

缤纷的雪花

雪花是几百种冰晶的结合体。降雪在冰点左右发生。

冰雹

另一种降水形式是冰雹。当强空气对流携带着冰晶，在雷雨云的上下边缘来回运动时，冰雹就形成了。晶体变得越来越大，直到它们像冰雹一样落在地面上。

▶ 冰晶从水滴开始，持续发展变为冰雹。

洁白如雪

如果云中的温度低于冰点，就会形成冰晶。如果近地面温度为 2.8℃左右，这些冰晶就会变成雪。如果近地面温度为 2.8—3.9℃，冰晶变为冻雨或冰珠。

趣味百科

暴风雪有强风，并且温度极低。暴风雪的强风能把雪移动很远距离，并堆成巨大的雪堆，从而阻塞道路。

当风暴来袭

多年来，飓风和龙卷风夺走了数以百万人的生命。下面我们来看看人类历史上最具破坏性的风暴。

英国大风暴

英国历史上发生的最大的风暴在1703年11月，风速超过每小时193公里，风暴所过之地全部夷为平地。8 000—15 000人在这次风暴中丧生。

▲ 在加尔维斯顿飓风期间，气象局办公室的仪表记录下了当时风速每小时160公里。那是一个彻底摧毁得克萨斯城的夜晚。

美国最严重的一次

美国历史上最严重的天气灾难是1900年9月8日，袭击得克萨斯州加尔维斯顿的4级飓风。4.5米高的风暴潮淹没了该岛，造成8 000多人死亡。

▶ 因为飓风的破坏力巨大，科学家们试图借助仪器来进行预测。散射仪就是其中一种仪器，它被安装在卫星上。它朝地球发射出雷达射线，并监控那些反射回来的射线。散射仪也用来测量风速和风向。

雨果飓风

1989 年，雨果飓风袭击了美国北卡罗莱纳州。风暴从非洲海岸开始，跨过了加勒比海。记录的最高风速达到了每小时 257 公里。北卡罗莱纳州经济损失达到了 50 亿美元。

趣味百科

气象学家通常给飓风起特殊的名字。没有造成特别大破坏的飓风，它们的名字将会被反复使用。过去主要用女性的名字给飓风命名，但自 1979 年以来，飓风也开始用男性的名字命名。

百科档案

飓风分级

- 一级：风速 119—153 公里/时
- 二级：风速 154—177 公里/时
- 三级：风速 178—209 公里/时
- 四级：风速 210—249 公里/时
- 五级：风速超过 249 公里/时

超级爆发

1974 年的超级爆发引发一共 148 起龙卷风，这是美国有史以来单个风暴系统产生的龙卷风数量最多的一次。这些龙卷风中有 30 次被划分为富士达皮尔逊等级的 F4 或 F5 级。在风暴彻底平息之前，美国和加拿大各州有 300 多人丧生。

干旱灾害

干旱是一段时间异常干燥的天气，气温高，且没有降雨。干旱会影响一个地区的农业、经济和社会结构。

温度持续升高

干旱地区由于缺乏能阻挡阳光的云层，进而导致天气炎热。较高的温度和较低湿度水平降低了降水的可能。稀疏的植被加重了干旱的情况。

严重损失

在全世界范围内，干旱影响的人数比其他任何类型的灾害都要多。20 世纪 80 年代，在非洲的一些地区，5 岁以下儿童死于旱灾的人数是平均死亡人数的 25 倍。

► 在没有灌溉的地区，雨水缺乏会让农作物枯萎，牲畜死亡。极端干旱还可能导致许多人丧生。

◄ 仙人掌非常适应干旱环境。仙人掌多肉的茎能够储存水，针一样的叶子能最大限度减少水分蒸发。

高压因素

下沉空气地区产生高压状态，导致干旱期。如果干旱持续很长一段时间，就被称为"阻塞高压"，并引起久旱。1976 年的英国就发生了这样的情况，整个伦敦降水量为 235 微米，气温上升到了 32℃。

应对旱灾

有人提议建造人工湖来对抗干旱。人工湖的水分蒸发可以引发降雨循环。另外一种方法是云种散播，就是一种人工降雨的方法。

▼ 人工降雨，除了利用飞机还可以使用火箭、大炮和地面发生器。

趣味百科

在云种散播中，飞机把碘晶体散布在云中，云中的水蒸气分子在晶体周围集结，变沉，晶体过重降落到地面，形成降雨。但是人工降雨只有在降雨能够自然发生的区域效果良好。

百科档案

严重干旱

● 埃及尼罗河旱灾，1200—1202年，导致110 000人丧生。

● 爱尔兰土豆大饥荒，1845—1849年，150万人丧生。

● 非洲比亚法拉大饥荒，1967—1969年，超过100万人丧生。

气象观察

人们试图预测天气，以便提前做好应对极端天气的准备。4 000多年前，人们根据星星的位置做出天气预测。从那时起，人们发明了许多仪器和技术进行更加精确的预测。

气象观测站

全世界有超过 3 500 座观测站，使用各种各样的仪器记录着天气情况。例如温度计测量温度、气压计测量气压、风力计测量风速、天气风向标指示着风向，湿度计测量湿度，雨量器计算降雨量。

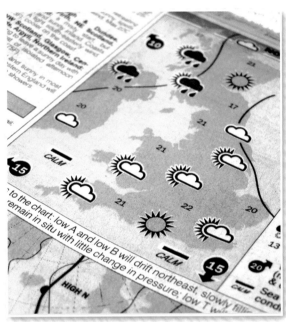

▲ 电视上的天气预报使用各种各样的图表，来告诉人们某个特定地区一天的天气情况。

捕捉迹象

一些观测站使用雷达捕捉雨和风暴即将来临的迹象。围绕地球的卫星传输着云层和温度的模式，收集的数据用于制作气象图。

▶ 每天，气象站都会释放两个充满了氦或者氢的气球，用于测量温度、气压和湿度。

趣味百科

世界气象组织（WMO）是联合国的一个机构，发起了"世界气象观察计划"。通过这一计划，有140多个国家共同参与收集全球气象信息。

百科档案

天气预测工具

● 公元前300年就发明了雨量计。

● 风向标是在公元前50年发明的。

● 伽利略在1593年发明了温度计。

● 爱德蒙·哈雷在1686年制作了第一张天气图。

● 1950年进行了第一次成功的计算机天气预测。

时间因素

在19世纪早期，天气预报无法用来警告人们即将来临的风暴。因为当时的天气预报通过邮件进行传递，但风暴却比邮件来得更快。

▲ 用涂上颜色的木箱为需要记录室外温度和湿度的气象仪器提供遮挡，但还是需要远离雨水和阳光直射。

▶ 海军上将弗朗西斯·蒲福爵士，在1805年设计了蒲福风力等级表对风速进行分级。蒲福风级一共是1—12个数字，将风力分为从"无风"到"飓风"12个等级。

天气预报

信息系统因为电报的发明而得到推动，电报让气象学家能够快速地传递天气观察结果。1856年，法国成为了第一个依靠电报提供天气预报服务的国家。1860年，英国也开始了类似业务。今天，人们通过电视、自媒体等多种平台获取天气信息。

天空之眼

气象学家使用特别的计算机进行天气预测。这些计算机能够迅速地接收气象站和气象卫星的信息，帮助建立天气模型和制作天气预报。

太空中的气象卫星

气象站主要依靠放置在环球轨道上的人造卫星传送数据。人造卫星携带可以拍摄地球照片的摄像机。这些图片可以显示地球上空的云层以及地球上大面积的冰雪。气象学家可以通过照片来发现和定位飓风和其他风暴。

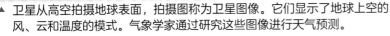

▲ 卫星从高空拍摄地球表面，拍摄图称为卫星图像。它们显示了地球上空的风、云和温度的模式。气象学家通过研究这些图像进行天气预测。

同步卫星

地球同步卫星也叫做地球同步人造卫星。在约 35 890 公里的高度绕赤道轨道运行。在这一高度，拍摄的照片覆盖的范围更广。只需要四张来自合适位置的地球同步卫星拍摄的照片，就能覆盖整个地球。

▼ 气象站从卫星、气象飞机、观测中心以及其他来源收集数据。气象学家对所有这些信息进行跟踪。

极地轨道气象卫星

气象卫星主要有两种：极地轨道气象卫星和地球同步气象卫星。极地轨道气象卫星在海拔 800—1 400 公里的位置围绕地球旋转。它们能够监测的面积高达 1 000 万平方公里，约占地球表面的 2%。

气象飞机

其他气象观测设备还包括飞机和轮船。特殊的气象飞机能够测量气压情况。

▶ 气象飞机携带大量的仪器。它们飞过某个区域，收集温度、气压和湿度数据。它们还可以投放特殊的感应器，从风暴内部收集数据。

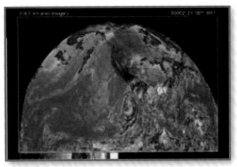

▲ 雷达图像是非常有效的预测降雨的工具。气象学家通过研究雷达图像上的云层模型进行猛烈暴风雨、热带风暴和地区强降雨的预警。

趣味百科

天气预报主要分为两类：短期预报和长期预报。短期预报预测未来18—36小时的天气状况，每天更新几次。长期天气预报预测未来5天、10天或30天的天气情况，但并不完全精确。

百科档案

● 20世纪40年代，雷达第一次用于天气观测。

● 1960年，第一颗带电视摄像机的气象卫星是泰洛斯1号。

● 1974年，第一颗全天候地球同步气象卫星诞生。

气候演变

从冰河时代到今天，多年来世界各地的天气状况都在不断变化。最早的变化是自然原因引起，但在过去的一个世纪，人类在改变气候模式方面发挥了至关重要的作用。

冰河世纪

大约 5 万年前，地球处在最后一次冰河时期的中期。虽然气温并不非常严寒，但地球表面大多数地方被厚厚的冰雪覆盖。事实上，由于凉爽的夏季和温和的冬季，才促使积雪一直保持。

间冰河时期

冰河时期在 1.5 万年前结束，气候开始变暖，冰雪开始融化。我们现在所处的时期就是间冰河保持时期。下一个冰河时期大概在 1 000 年之后。

缓慢的变化

气候是常年来逐渐变化的。比如，北美几个地区的温度在 20 世纪 60—70 年代冷于 20 世纪 30—40 年代。

人类的作用

曾经，地球天气模式的变化一直是自然变化的结果。直到最近一段历史，气候受到各种人类活动的负面影响。

▼ 在冰河时期，长毛猛犸象统治了地球。随着这一时期的结束和地球的变暖，猛犸象在大约3万年前灭绝了。

▼ 全球变暖是由于人类活动引起。汽车和工厂的高污染覆盖了地球表面，使地球变暖。

趣味百科

气候变化是由于太阳发出的能量改变而引起的。气候变化的其他原因包括温室效应和火山灰。

气象灾难

近年来的天气变化以及未来80年的天气情况，皆与人类活动关系紧密。环保主义者认为，这种变化很可能对我们的生存构成威胁。

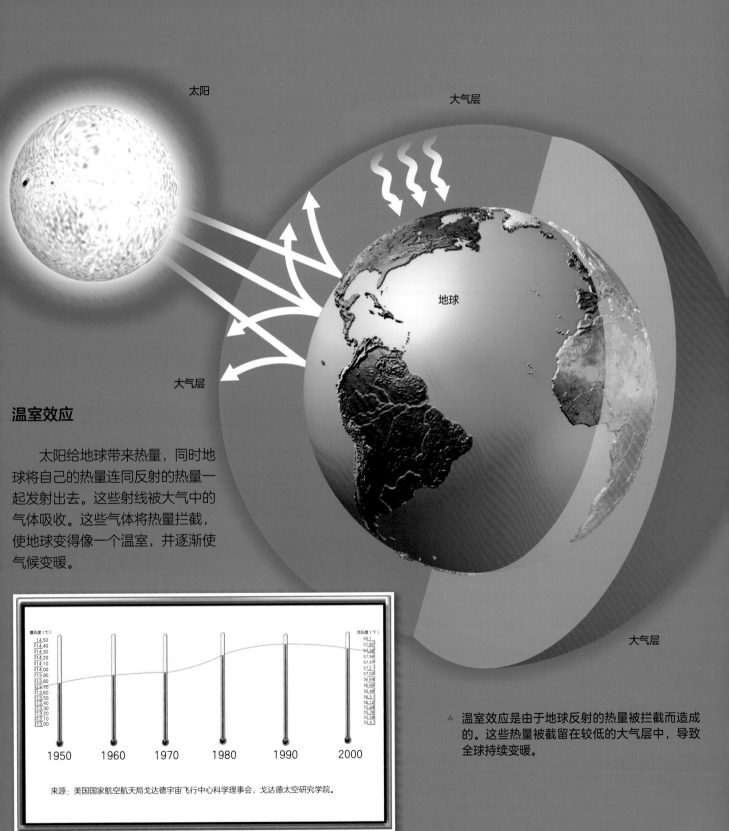

太阳

大气层

地球

大气层

大气层

温室效应

太阳给地球带来热量，同时地球将自己的热量连同反射的热量一起发射出去。这些射线被大气中的气体吸收。这些气体将热量拦截，使地球变得像一个温室，并逐渐使气候变暖。

▲ 温室效应是由于地球反射的热量被拦截而造成的。这些热量被截留在较低的大气层中，导致全球持续变暖。

摄氏度（℃）

14.50
14.40
14.30
14.20
14.10
14.00
13.90
13.80
13.70
13.60
13.50
13.40
13.30
13.20
13.10
13.00

华氏度（℉）

58.1
57.92
57.74
57.56
57.37
57.2
57.02
56.84
56.66
56.48
56.3
56.12
55.94
55.76
55.58
55.4

1950　1960　1970　1980　1990　2000

来源：美国国家航空航天局戈达德宇宙飞行中心科学理事会，戈达德太空研究学院。

▲ 多年来地球的平均温度一直在上升。这就是众所周知的温室效应。

灾难在所难免

全球变暖对所有生命形式构成严重威胁。气温上升，可能会导致冰川融化，引起更多降雨还使得海平面上升，最终引发洪水。

▼ 全球的森林正以每小时24平方公里的速度在消失。这更加重了温室效应，并可能导致气温和降雨模式的重大改变。

▲ 燃烧煤和汽油等化石燃料会产生二氧化碳、氮氧化物和硫氧化物。

酸雨

除了温度上升，不断加重的空气污染还带来了越发频繁的酸雨。氧化硫、氧化氮和氧化碳与空气中的水分混合形成了酸，随着降雨落在地面成为酸雨。酸雨对所有生命形式都有害。

趣味百科

许多地方，工厂的浓烟和车辆的尾气与自然的雾混合形成了雾霾。伦敦、洛杉矶、东京和墨西哥城，是近年来雾霾问题非常严重的城市。

百科档案

● 全球温度在过去300年的时间上升了0.7℃。

● 有史记载以来，最热的5年中有4年发生于最近20年。

这是什么天气

世界上经常出现一系列奇怪的天气现象，如夏季的降雪、彩色的雨、从天空坠落的物体等。

青蛙雨和桃子雨

1814年8月，在法国亚眠附近的暴雨中，小的活青蛙从天而降！1953年，美国马萨诸塞州也发生过类似事件。1961年，路易斯安那州当地人声称看到了桃子倾盆而下的奇异事件。

彩色的雪

世界各地都曾报道见过红色的、绿色的、黄色的甚至是棕色的雪！据说，这些颜色是由叫做极地雪藻的微生物产生的。

▲ 除了青蛙，天空中还落下过其他生物，包括比目鱼、鲹鱼、蜗牛、贻贝、蛆、小龙虾、鹅，甚至蛇！

彩色的雨水

世界各地有不少彩色降雨的案例。1935年3月，设得兰群岛的强暴雨，雨水像是稀释了的蓝黑色墨水！人们对此现象的解释是污染原因。1903年2月21—23日，英国也经历过红色雨水的洗礼，由撒哈拉沙漠的沙尘暴引起。

趣味百科

1975年，英国发生了夏季降雪，大雪让夏季板球比赛暂停。另外一次极端案例发生于1981年9月，非洲的卡拉哈里沙漠首次出现了降雪。

天气预报并不是万无一失的，因为"大自然母亲"总是给人们带来惊喜。伴随着天气状况的突然变化，极端和不寻常的现象使天气变得不可预测。

热爆发

热爆发是在雷暴期间偶尔发生的现象，会使天气变得更热。1994年9月9日凌晨5时2分，苏格兰格拉斯哥的气温达到19℃。但是，附近一场风暴带来的热浪在凌晨5时17分将温度推上了34℃。

▼ 那些近距离观察风暴的人将面临大风、冰雹、闪电和飘扬的碎屑等危险。

水龙卷

水龙卷是一个奇怪的现象。这些龙卷风在海上形成，是一个漏斗状的空气柱，吸收海水和所有在其路径上的东西。过去，海员们常把水龙卷误认为是从海底升起的怪物。

NATIONAL SEVERE STORMS LABORATORY

NSSL.NOAA.GGV

PROBE 2

倾盆大雨

英国有记录以来的最大单日降雨量发生于 1955 年 7 月 18 日，多塞特郡的马丁斯敦的降雨量达到了 279 毫米。不过，这一纪录与印度洋留尼旺福柯 – 福柯的世界纪录 1 825 毫米相比不值一提。

指明灯

海上的天气变化会让船只寸步难行。大雾或是风暴的情况能让最有经验的海员也难以导航。为了避免船只搁浅或触礁，人们建立了灯塔。

趣味百科

风暴追逐者是为了观察而试图接近风暴的人。追逐风暴是一项危险的工作，但大多数追逐者对这项工作非常热情，愿意承担风险。

百科档案

● 龙卷风移动的最长距离为472公里，从美国密苏里州到印第安纳州。

● 全世界有四分之三的龙卷风发生在美国。

▼ 灯塔是一种发出光或喇叭声以引导船只在海上安全航行的塔。在恶劣的天气里，它们尤其重要。